Sahar Moradi
Haniyeh Nowzari

Avaliação do chumbo e do cádmio na água de Zayandehroud e no peixe truta

Sahar Moradi
Haniyeh Nowzari

Avaliação do chumbo e do cádmio na água de Zayandehroud e no peixe truta

Imprint

Any brand names and product names mentioned in this book are subject to trademark, brand or patent protection and are trademarks or registered trademarks of their respective holders. The use of brand names, product names, common names, trade names, product descriptions etc. even without a particular marking in this work is in no way to be construed to mean that such names may be regarded as unrestricted in respect of trademark and brand protection legislation and could thus be used by anyone.

Cover image: www.ingimage.com

This book is a translation from the original published under ISBN 978-3-659-69243-7.

Publisher:
Sciencia Scripts
is a trademark of
Dodo Books Indian Ocean Ltd. and OmniScriptum S.R.L publishing group

120 High Road, East Finchley, London, N2 9ED, United Kingdom
Str. Armeneasca 28/1, office 1, Chisinau MD-2012, Republic of Moldova, Europe
Printed at: see last page
ISBN: 978-620-7-63519-1

Conteúdo

Resumo

Este estudo teve como objetivo investigar as concentrações de dois metais pesados, o chumbo e o cádmio, na água do rio Zayandehroud, rodeado pelas explorações de arroz de Zarinshahr. A água foi amostrada a uma profundidade de 30 cm durante os meses de junho, julho e agosto de 2015, ou seja, no processo de plantação, crescimento e após a colheita, em três estações situadas a 20 m antes das explorações, ao lado das explorações e a 100 m após as explorações, respetivamente. Foram recolhidas três amostras de água e uma amostra de truta (Salmo trutta) por mês e a quantidade de chumbo e cádmio foi medida nos rins, fígado e brânquias da truta. Os resultados mostraram que a quantidade de chumbo e cádmio na água era inferior e superior ao nível padrão, respetivamente. A quantidade média de cádmio na água foi de 15,81, 11,25, 8,92 p,g/L, respetivamente, durante os meses de junho, julho e agosto. Assim, a quantidade de cádmio foi mais elevada em junho, quando é a fase de plantação e a utilização de fertilizantes e pesticidas é significativamente maior do que nos outros meses ($p<0,01$). Houve uma correlação entre a água e os órgãos dos peixes (rim, fígado e brânquias) de acordo com as concentrações de Cádmio e Chumbo.

Palavras-chave: Práticas agrícolas, Metais pesados, Pesticidas, Poluição, Fertilizantes, Peixes truta, Isfahan

CAPÍTULO 1

Introdução e generalidades

1-1 Introdução

Atualmente, a poluição nas principais regiões do mundo tornou a água inútil, a saúde e a vida do homem e de outras criaturas estão ameaçadas pela poluição da água e o ecossistema e os habitats naturais estão em perigo (Jonnalagadda et al., 2001). Por isso, é essencial rever o consumo de água e a proteção contra a poluição, especialmente no momento em que o mundo se depara com a crise da água (Pourmoghadas, 2000).

Através da revisão das regras de controlo da poluição, dos métodos de proteção das fontes de água e da recuperação da água poluída, a deficiência de água pode ser controlada (Nriagu, 1978; Romirez e Solano, 2004). O reconhecimento e a investigação da qualidade dos recursos hídricos é um dos passos fundamentais para a gestão e a definição de prioridades na aplicação destas fontes limitadas (Liou et al., 2003; Sekonvares, 2012).

A redução da qualidade da água corrente tem sido uma das principais preocupações da humanidade, desde os tempos mais remotos.

A poluição dos rios pode ser considerada como um parâmetro da poluição eco-ambiental causada pelas actividades humanas, uma vez que os rios são as únicas fontes de água que atravessam cidades, vilas, regiões agrícolas e industriais e estão infectadas por vários tipos de poluentes, e porque a água dos rios é utilizada para vários consumos, como o agrícola, comercial, doméstico e industrial, pode ter grandes influências negativas no ambiente (Simeonov et al., 2003; Bollinger et al., 1999; Witton, 1975).

O crescimento da população e o desenvolvimento da indústria têm tido uma grande influência no aumento do consumo de água.

A transformação da terra com os casos mencionados, diminuiu a qualidade da água de zayandehroud, de modo que a qualidade da água no pé do rio é demasiado indesejável (Karbasi, 1989; Parvaneh, 1992).

O desenvolvimento das indústrias e o crescimento invulgar das cidades, vilas e aldeias segue-se ao desenvolvimento das terras agrícolas e, posteriormente, da agricultura. Estes são constituídos por vários compostos químicos, nomeadamente metais pesados, que danificam o ecossistema aquático (Chapman, 1992; Taghiniu e Rabert, 2010).

A poluição do ecossistema aquático por metais pesados é confirmada através da investigação da água, dos depósitos e dos organismos (Das e Acharya, 2003).

A elevada acumulação de metais pesados na água conduz a graves alterações ecológicas (Sabzghabaee, 2006).

Os metais pesados são poluentes duradouros e o poder biológico na cadeia alimentar é o resultado da sua permanência, como resultado deste processo.

A sua quantidade nos últimos anéis da cadeia alimentar pode ser várias vezes superior à quantidade que se encontra na água ou no ar (Babasaheb, 2014; Plaskett e Potter, 1979; Shervastava e Latoni, 2008; Yilitis, 2005).

As investigações sobre a poluição por metais pesados no ecossistema aquático são muito importantes para a saúde humana e para a preservação da higiene pública. A Zayandehroad é afetada por três tipos de fontes poluentes: poluentes agrícolas, industriais e cívicos; nesta investigação, vamos investigar os poluentes relacionados com a agricultura.

2-1 Generalidades

Zona de investigação 1-2-1

Zarinshahr (antiga Riz) é o centro da cidade de Lenjan e uma das cidades do sudoeste da província de Isfahan, no centro do Irão, de acordo com o recenseamento de 2012, a população de Zarinshahr é de cerca de 95326 e a população total da província é de 324511.

Zarinshahr é a terceira cidade importante e populosa da província de Isfahan, situada no distrito da megalópole de Isfahan. É considerada o coração industrial de Esfahan. Situa-se a 32 km de Esfahan, com um clima seco e estações irregulares.

A precipitação média nesta cidade é de 115 ml e o calor médio é de +14 cm. Esta cidade é conhecida como Zarinshahr - Lenjan - e lenjoun (Moshkat, 2006).

2-2-1 Rio Zayandehroud

O rio Zayandehroud nasce em Zardkooh-e-Bakhtyari em Chahar mahal- e-Bakhtyari e termina no pântano de Gavkhoni.

A aldeia de Dime, subordinada à parte central do condado de Koohrang na província de Chaharmahal- e-Bakhtyari, está situada a 100 km de Sharekord, com características geográficas de 50 graus e 13 minutos de longitude leste e 32 graus e 30 minutos de latitude norte, a 10 km a nordeste de Chelgerd e a 100 km de Shahrekord. Esta aldeia está rodeada de montanhas e planícies.

A altitude da aldeia montanhosa de Dimeh em relação ao nível do mar é de cerca de 2240 m e o seu clima é ameno na primavera e no verão e frio e com neve no inverno.

Dimeh é um dos países das tribos bakhtiyarianas que se transformou numa aldeia nos últimos anos. A nascente de Dimeh é a obra natural mais famosa desta aldeia e é considerada como uma estância natural da província. Nos seus arredores, existem vários locais históricos com nomes antigos e mitológicos.

Há muitas atracções naturais nesta aldeia, como a Dashte-e-lalehye Vazhgoon (planície de tulipas).

Dasht-e-laleh, que é uma das belezas únicas desta aldeia, na primavera, com dois tipos de tulipas viradas, vermelhas e amarelas, cria um cenário maravilhoso e incrível.

A nascente de Dimeh está rodeada de pastagens férteis, carvalhos altos, árvores Kikom e outras árvores frias (Yazdani e Shirani, 2006).

Esta nascente era a principal fonte do rio Zayandehroud antes da construção dos canais de Koohrang, e fica a uma distância de 85 km do centro da província (Moradi e Nowzari, 2014).

Figura (1-1) Mola Dimeh

O pântano internacional de Gavkhouni é o nome de um pântano situado no planalto central do Irão, uma grande parte do qual se encontra em Esfahan e a outra parte na província de Yazd, onde se encontra o Zayandehroud.

O pântano de Gavkhoni é um dos pântanos mais famosos do planalto iraniano.

Este pântano vital cobre uma área de 476 km e está localizado a 167 km a sudeste de Esfahan, ao lado da cidade de Varzaneh e na vizinhança de colinas arenosas.

A sua altitude em relação ao nível do mar é de 1470 m e o seu ponto mais profundo é de 150 cm.

O chamado sapal tem ricos recursos ecológicos e também outras actividades ambientais.

Este pântano é também um abrigo para aves migratórias que, com todas estas características, é uma das atracções turísticas (Ghazizahedi, 1994).

Figura (2-1) Pântano de Gavkhoni

O rio Zayandehroud tem 420 km de comprimento e, ao longo do curso de água, são adicionados canais, nascentes, precipitações das partes mais baixas e águas residuais, pelo que o volume médio de água é de cerca de 900 milhões de metros cúbicos.

Este rio passa por várias cidades como Fereydounshahr Isfahan, Dorcheh, Felavarjan e Zarinshahr (Moradi e Nowzari, 2014).

Figura (3-1) Rio Zayandehroud

O rio Zayandehroud, que até há pouco tempo era único e valioso, pela variação do seu ecossistema e pelos seus valores habitacionais, recreativos, históricos e culturais. Atualmente, tem sido recetor de uma vasta gama de resíduos urbanos, agrícolas e industriais, cujas quantidades ascendem a 534 milhões de metros cúbicos por ano.

A integridade do ecossistema fluvial provocou uma variedade biológica, de flora e de fauna, bem como o nascimento de uma comunidade humana.

O principal mistério da estabilidade ambiental e dos problemas humanos situa-se nas proximidades deste rio.

A vida do território de Isfahan depende do Zayandehroud, pelo que é importante preservar a sua qualidade para consumo, agricultura, indústria e preservação do ambiente aquático (Moradi e Nowzari, 2014).

A poluição do rio com vários poluentes minerais e orgânicos, bem como o aumento da salinidade da água, é perigosa para o ambiente e para a agricultura neste território.

Tendo em conta o rápido crescimento da população, seguido do desenvolvimento civil e industrial em torno do Zayandehroud, se não forem tomadas medidas imediatas, a poluição ao longo do rio espalhar-se-á e a saúde humana e de outras criaturas será ameaçada. O primeiro passo para preservar a qualidade da água e também para purificar as partes poluídas é a sensibilização contínua para as alterações qualitativas da água do Zayandehroud e a identificação das principais fontes e poluentes aquáticos.

Por um lado, os diferentes tipos de actividades agrícolas e industriais e as fábricas causam pressão e destruição ambiental do rio e, por outro lado, fazem com que vários poluentes perecíveis e não compostáveis, toxinas, nutrientes e metais pesados entrem no rio (Mousavi, 1997).

As principais fontes de poluição no Zayandehroud são as seguintes

- Drenagem agrícola

Existem vários tipos de actividades agrícolas em quase toda a província, sempre que as condições naturais, a inclinação acentuada e o solo são adequados, em especial Lenjanat, que é o local de plantação de arroz, e que é um dos factores de poluição do rio (Rahmani e Maamanpoush, 2012).

- Zob-e-Ahan co. águas residuais

Os resíduos desta fábrica são evacuados para várias piscinas de evaporação, a 5 km de distância do rio, onde a água subterrânea sobe. Como consequência, as piscinas absorvem a água e criam alguns problemas para os habitantes das aldeias mais baixas (Mousavi, 1997).

- Isfahan Simin fábrica de tecelagem de águas residuais

Os resíduos industriais, misturados com resíduos humanos e não refinados, entram no rio a 1 km a oeste da ponte de Marnan (Kalbasi, 1996).

- Águas residuais da fábrica de poliacrilato

Os resíduos industriais e humanos são misturados e quase refinados por duas máquinas de refinação biológica. Os resíduos passam 13 km através de um tubo e depois são libertados por um tubo semelhante a uma rede (Mousavi, 1997).

- Sul das águas residuais da refinaria de Esfahan

Todos os resíduos de Esfahan são recolhidos, consistindo em resíduos domésticos, industriais e de oficinas da cidade, e na refinaria do sul são refinados através de um sistema de lamas activas e de arejamento externo.

Esta poluição, acompanhada de resíduos de matadouros e de resíduos industriais não refinados de várias fábricas da cidade, entra no rio.

Nas estações secas e durante quase todo o dia, a maior parte do volume do rio está relacionada com estes resíduos (Kalbasi, 1996).

- Águas residuais da central térmica de Eslam Abad

A poluição térmica também é um dos factores importantes, uma vez que as centrais de produção de energia eletrónica utilizam a água como refrigerante.

A água aquecida entra no sistema de água e aquece a água no curso, em um momento esta poluição é prejudicial que a água aquecida entra na água não refinada.

Após algum tempo, a temperatura da água mencionada aumenta e a solubilidade do oxigénio diminui. A água usada é libertada em duas piscinas catiónicas e qualquer uma refinada e, depois de misturada com 500 mc de volume de água por dia na aldeia de Ghaemiyeh, entra no rio.

A cal é utilizada para refinar e os metais depositam-se nas piscinas. Atualmente, a cal é separada, mas antes entrava no rio com os resíduos. Em toda a província, onde as condições naturais, o solo e o declive o permitem, existem comportas agrícolas em vários tipos de actividades agrícolas (Mousavi, 1997).

Em particular, o Lenjanat, que é o local de plantação de arroz, é um dos factores de poluição devido à utilização de fertilizantes e venenos agrícolas, pesticidas, etc., que entram no rio através de características naturais como o vento, a chuva ou factores não naturais como a irrigação (Rahmani e Maamanpoush, 2012). Outros poluentes são as águas residuais da refinaria de petróleo de Mobarakeh e da central eléctrica de Isfahan.

O facto de o rio ser profundo faz com que a água poluída e os resíduos fluam para o rio, além de que os complexos residenciais e recreativos em redor do rio e as condutas de transporte de resíduos desempenham um papel importante na poluição do ambiente (Kalbasi, 1996).

3-2-1 História

Inspirado no antigo nome Zarinroud e na vizinhança de Zayandehroud, o nome do centro de Lenjan, em 1988, foi alterado para zarinshahr, por ato do conselho municipal de Rize.

De acordo com os arqueólogos, os objectos descobertos nas colinas de Bagh Mahmoud, Bagh Deraz e Kafar, que se situam na parte procurada desta cidade e nas imediações de madi Kohan Riz (ribeiro), provêm de algumas colinas antigas de

Curso de Zayandehroud que, historicamente, é contemporâneo da civilização sialk de Kashan.

Outras obras históricas e culturais nesta área são a mesquita Sabahi (sincronizada com a seita Esmailieh), o banho Sahrai com uma inscrição de 800 anos, o castelo árabe e a ponte Shahneshin.

O antigo anfiteatro de Riz, os moinhos, os aviários, o lagar de azeite, a casa de banhos, os castelos e várias mesquitas, com exceção da mesquita de Rahim Khan (congregação), do castelo de Hossin Abed e de Bagh-e-Borji, a leste de Riz, referem-se à era Ghajar e ao antigo seminário de Riz, tal como outros símbolos culturais e históricos da cidade, desapareceram devido à invasão industrial e à expansão descontrolada.

A maior parte das inscrições históricas remonta à era safávida e à invasão dos afegãos. No entanto, acabaram por ser expulsos de Esfahan e Lenjan por Ali mardan khan-e-Bakhtyari.

Mas Lenjan não conseguiu recuperar a prosperidade anterior durante muito tempo, até ao constitucionalismo, Lenjan foi uma das bases dos Mojahedin para a conquista de Teerão e Esfahan e, depois disso, o ministério de Samsam-al-Saltaneh Bakhtyari e o seu domínio de Isfahan, gradualmente, Lenjan começou a reviver.

No ano 1000, o xá Abbas escolheu Isfahan como centro político do Irão e transferiu a sua capital de Ghazvin para Isfahan.

Esta época foi o início da prosperidade de Esfahan e Lenjan também beneficiou muito desta majestade, porque esta terra verde e fértil não ficava longe de Esfahan e rapidamente os seus bosques, passeios e parques luxuriantes atraíram a atenção do rei.

No reinado do Xá Soltan Hossein, Lenjan foi afetado por Isfahan, passando por tempos difíceis.

Nas eras afshariana e zandiana, Lenjan era a passagem de tribos e outros grupos que se deslocavam para Esfahan.

Na era Ghajar, Lenjan estava nas mãos da princesa Ghajar.

Ou um território que foi doado aos cortesãos de Masoud mirza. No período violento da revolução constitucional e da ditadura menor, Lenjan foi a passagem das tropas do khan e dos khans bakhtiarianos. Zayandehroud passa ao seu lado e o seu clima é fresco e agradável, mas foi poluído devido à sua proximidade com a fábrica de Zob-e-Ahan e as indústrias de defesa.

A cascata de Shah Loulak situa-se perto desta cidade. E a mesquita Sabahi é uma das suas atracções turísticas devido à proximidade da fábrica Zob-e-Ahan. Zarinshahr foi, no entanto, invadida por diferentes grupos de todo o Irão, sendo os Bakhtiyarian a maioria. Mas, atualmente, tem sido capaz de manter a textura da sua população nativa.

A existência de bairros como Ghale Bozi, Roustaian, Nakhaiha e Atrak são símbolos da textura nativa e o parque costeiro de Zayandehroud é um dos seus locais pitorescos (Moshkat,

2006).

4-2-1 Agricultura

Um dos produtos mais importantes desta zona é o arroz Lenjan, que cresce em Zarinshahr e nos arredores da cidade. Na maior parte das zonas, a agricultura e a plantação de arroz (Toleki no dialeto local) ainda são tradicionais e manuais.

Ghorogh, Toole shoghali e Bagh Agha são as zonas de plantação de arroz mais importantes de Zarinshahr.

Lenjan, do ponto de vista agrícola, é o mais importante produtor de arroz da província (Nega-Lenjan's rice).

O arroz desta zona é champa, mas muito saboroso.

Que não podemos encontrar em nenhum outro lugar do mundo, portanto, em toda Esfahan, There are Lots of Lovers.

Mas todo o produto é consumido nesta província e a exportação é impossível.

Outros produtos desta zona são o trigo, a beterraba sacarina, as plantas de verão e diferentes tipos de frutos.

A palavra Lenjan deriva de Lenj que significa terra de madeira e mão verde (Dabiri, 2013).

5-2-1 Antropologia

Os habitantes de Zarinshahr são Lenjanianos desde há muito tempo, mas com o constitucionalismo e o estabelecimento de numerosas fábricas nesta área, e um fluxo de migrantes em busca de emprego, grandes grupos de tribos Bakhtiarianas e Khouzestanianas entraram nesta área, e a maioria deles reside em Zarinshahr (Moshkat, 2006).

Regionalismo 6-2-1

A cidade de Lenjan é composta por oito cidades, dois condados e mais de trinta aldeias.

- Parte central de Lenjan

Em Osheyan, esta parte é conhecida como Lenjan Sar-blouck e quase antes do ano 54, todas as aldeias e o próprio Zarinshahr (Riz) pertenciam a esta parte e atualmente tem 2200 habitantes. A maioria das pessoas trabalha por conta própria e há apenas alguns funcionários públicos.

- Aldeia de Khoramroud

Nos anos anteriores a 1976, a cidade de Lenjan era conhecida por Lenjanat. Lenjanat compreendia Flavarjan e o atual Mobarakeh e parte de Khomeynishahr. Em 1976, o condado de Felavarjan e em 1990 o de Mobarakeh separaram-se e transformaram-se numa cidade.

Atualmente, a cidade de Lenjan inclui oito cidades, dois condados e cinco aldeias. Os condados incluem dois condados centrais e Bagh Bahadoran.

Os condados centrais incluem as aldeias de Ashian e Khoramroud e Bagh Bahdoran inclui Chamroud, Chamkooh e Zirkooh. As cidades incluem Zarinshahr, Fooladshahr, Chamgordan, Sedeh, Varnam khast, Chermahin, Bagh Bahadoran e zayandeh roud (Moshkat, 2006).

7-2-1 Geografia Natural

A cidade de Lenjan, com uma área de 1172/5 km2, está localizada a 35 km a sudoeste de Isfahan. A sua elevação relativa ao nível do mar é de 2270 m e tem um clima instável, que é sempre afetado pela região semiárida central e pela região semi húmida de Chaharmahal-o-Baktyari. A sua altitude inclui o Gave piseh da cordilheira central, que se situa a norte da cidade, e o monte Bidakan e a montanha Rokh, a oeste.

É importante referir que a linha fronteiriça desta cidade com Chahrmale-Bakhtyari passa pela montanha Rokh (Moshkat, 2006).

8-2-1 Geografia económica

Lenjan é o local com as maiores fábricas do país. As enormes instalações de Zob-e-Ahan, as fábricas e as suas enormes empresas satélites, as fábricas das indústrias de defesa que rodeiam esta cidade e outras indústrias e fábricas deram a esta zona uma textura industrial que aumenta a sua prosperidade. A indústria de defesa também está localizada em torno de Zarinshahr, o que é único em todo o país (Moshkat, 2006).

Indústrias 9-2-1

Zob-e-Ahan é a maior indústria desta cidade. A indústria da defesa, o complexo siderúrgico Mobarakeh, a Isfahan poly Acryle Company, a fábrica de magnésio Navid, a fábrica de cimento Sepahan e a Zarinkhodro são outras indústrias desta região. Nas últimas décadas, devido à instalação de grandes indústrias. Nesta cidade e sendo os locais agricultores, os técnicos deslocaram-se para esta cidade vindos de todo o país, especialmente de Khouzestan e Chaharmahal-e-Bakhtyari, tendo em conta o emprego técnico anterior nas indústrias do aço, Navard, petróleo, gás e petroquímica e centrais eléctricas, estabeleceram-se nesta cidade (Moradi e Nowzari, 2014).

Figura (4-1) Mapa de Zarinshahr

3-1 Espécies experimentais

O Salmo trutta tem o corpo comprimido e a sua barbatana caudal, comparada com a do salmão, é maior. O pedicelo caudal é alto, baço, e o lado exterior da barbatana caudal é quase plano.

O número de escamas entre a barbatana adiposa e a linha lateral é de 14-19, com uma média de 16.

O número de farpas do primeiro arco branquial situa-se entre 2 e 5, ou seja, como uma espada, e na parte inferior forma-se como um botão. O comprimento máximo do Salmo é de 140 cm e o seu peso é de cerca de 5 kg. A época de desova situa-se entre fevereiro e março. O número de ovos é de cerca de 10 mil, ou seja, por cada quilograma de peso do peixe, estima-se que existam 1500 ovos.

A maior parte dos peixes adultos machos e fêmeas permanecem vivos após a desova e, no ano seguinte, voltam a entrar no rio para nova desova.

A larva deste peixe reconhece-se pelas tiras escuras com muitas manchas vermelhas. Um peixe jovem vive 1-5 anos na água doce. No norte da Europa chega aos 5 anos. Quando atingem 15-25 cm de comprimento, entram no mar e, na maior parte das vezes, estão à beira-mar para encontrar locais adequados. Estes peixes migram. São capazes de recordar a água do seu local de nascimento.

Atualmente, este peixe é cultivado no mar e em cestos fechados, mas uma parte da população de peixes foge destes cestos e vai para o mar.

Salmo Lives em estado natural em água doce e zona temperada com 12cg no verão.

Em condições adequadas, este peixe pode suportar as flutuações de 0-25 graus Celsius.

Características do Salmo, incluindo:

1- O Salmo tem uma maior adaptação a qualquer ambiente, destina-se a ser domesticado e ingere melhor os alimentos manualmente.

2- Este peixe é resistente a altas temperaturas e à falta de oxigénio, e na água suficientemente renovada é capaz de suportar o grau de 20-22cg.

3- O crescimento dos ovos é mais rápido e num período de tempo mais curto. Este peixe é carnovo, mas captura menos peixes e come mais tipos diferentes de vermes e moluscos.

4- Este peixe cresce rapidamente e, se for bem alimentado, atinge 100 gramas num ano, 250 a 300 em dois anos e, aos quatro anos, atinge 40 a 45 cm e o peso máximo registado é de 7 kg e o comprimento é de 70 cm.

5- O Salmo é o melhor peixe de água fria para cultivar e é menos sensível à temperatura e à qualidade da água, pelo que, em todo o mundo, é o salmão cultivado mais importante para consumo.

Este peixe pode ser utilizado para criar uma bacia natural, cheia de peixes (Watershed management and natural resources, 2010).

1-3-1 Género e reprodutividade

Os machos e as fêmeas do salmo são aparentemente semelhantes. Na época de reprodução, a cor dos machos torna-se mais escura e eles mudam notavelmente. Nas épocas normais, as gónadas são todas pequenas e só na época de reprodução é que aumentam de tamanho e trazem consigo um saco de óvulos e espermatozóides. Os óvulos e os espermatozóides são deixados na água e a conceção forma-se aí.

Os ovos são vítreos e um pouco mais pesados do que a água e pegajosos para se agarrarem a pedras e plantas. A capacidade de crescimento e resistência dos peixes reformados desenvolveu-se de tal forma que podem ser criados artificialmente com alimentos constantes. O habitat natural deste peixe é a parte superior do rio, lagos frescos, e num ambiente com alimento e oxigénio suficientes. Este peixe é delicado, saltitante e excecionalmente ágil, com reacções rápidas, a sua carne é deliciosa. A sua carne é deliciosa. Tem uma cor bonita, pelo que seria atractiva para os pescadores desportivos (Watershed management and natural resources, 2010).

2-3-1 Cor do corpo

A pele é brilhante e rubra e está coberta por pequenas escamas. A cor da pele muda em vários rios, e nos rios que estão à sombra, torna-se escura. Dentes minúsculos e barbatana gorda sobre o pedicelo caudal são outras características dos peixes. Os peixes que vivem nas camadas superiores do rio têm escamas e corpos prateados, devido à reflexão da luz dos cristais incolores e microscópicos chamados Coanina. De facto, estes cristais são o produto subsidiário de um metabolismo químico que é produzido sob as escamas ou camada de cor especial. Os pigmentos vermelhos, amarelos e pretos aproximam-se ou afastam-se uns dos outros por contração ou expansão. Este processo é a base da capacidade de mudança dos peixes. A densidade da cor nos peixes baseia-se na linha celular colorida e na densidade de pigmentos em cada célula (Watershed management and natural resources, 2010).

3-3-1 Métodos de cultivo

Este peixe é cultivado por monocapo (sistema de uma única espécie) e policapo (sistema de várias espécies), por exemplo: cultivo acompanhado de plantas de arroz em campos de arroz de Mazandaran (Gestão de bacias hidrográficas e recursos naturais, 2010).

4-3-1 Alimentação dos peixes

A maior parte dos peixes de água fria e temperada têm intestino curto, o que é exclusivo dos peixes carnívoros e omnívoros. Estes peixes também estão habituados a alimentos artificiais e mortos. Mas é difícil mudar a dieta do Khazar Salmo troutta, que nem sequer come peixes mortos. O facto de serem carnívoros faz com que a sua dieta seja rica em proteínas animais, pelo que a sua alimentação é muito dispendiosa.

Em algumas espécies de salmão e truta, os alimentos gordos como fonte de energia podem representar 20% do peso morto, em vez de proteínas e hidratos de carbono (Watershed management and natural resources, 2010).

Figura (5-1) Salmo trutta

Quadro (1-1) Condições de sobrevivência de Salmo trutta

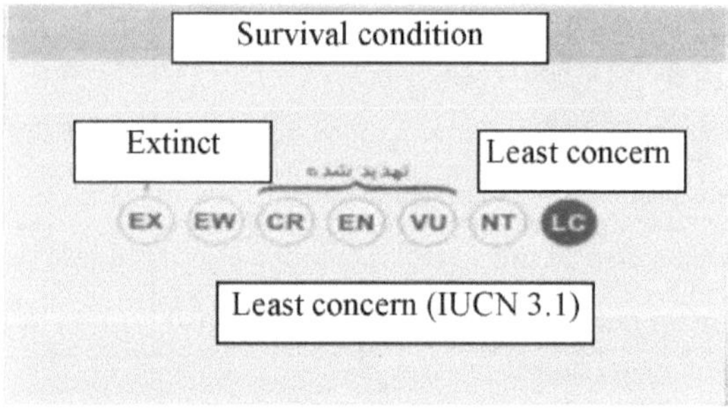

Quadro (2-1) Classificação científica de Salmo trutta

Salmo trutta Scientific Classification	
Kingdom: Animalia	Order: Salmon
Phylum: Vertebrata	Genus: Salmon
Class: Ray	Species: *Salmo trutta*

4-1 Características dos metais pesados estudados nesta investigação

1-4-1 Chumbo

O elemento chumbo tem um aspeto cinzento e uma massa atómica de 207,21. O seu ponto de ebulição e de fusão é de 1740 e 321,4 graus centígrados, respetivamente. Este elemento compreende quase 0,002 por cento da crosta terrestre.

Este elemento é o elemento pesado e venenoso mais extenso no ambiente, particularmente desde que foi utilizado na gasolina, espalhado por todo o mundo, de modo que os seus efeitos desde o gelo ártico até aos sedimentos marinhos são notáveis.

Os sedimentos de chumbo entram geralmente no ambiente através da exploração mineira (sob a forma de sulfureto, carbonato, sulfato de chumbo), das indústrias de fabrico de pilhas (óxido de chumbo e Brie) e dos combustíveis fósseis (tetra Etil e Tetrametil de chumbo). O fabrico de tintas (carbonato e choromato de chumbo), a agricultura (macro-composto, veneno, ou seja, fungicida, pesticida) entram no ambiente, de modo que no gelo do Ártico, é 2000 vezes mais do que a quantidade normal.

O chumbo é um elemento que entra na atmosfera em várias combinações de diferentes fontes.

As combinações de chumbo no meio marinho, em função do seu tamanho, apresentam-se sob a forma de líquido, de coloide e de sólido. Assim, ao aumentar o seu tamanho, a quantidade de solução diminui e a quantidade de coloide e de sólido aumenta. A formação de nódulos de magnésio é um processo natural de eliminação de metais pesados, nomeadamente o chumbo. Os nódulos de magnésio formam-se numa vasta gama nos oceanos Pacífico, Atlântico e Índico e eliminam metais pesados. Atlântico e na Índia e elimina toneladas de metais pesados do ambiente marinho. A sua quantidade no Oceano Pacífico é de ($846\ \mu g$ em gr), no Oceano Atlântico ($127\ \mu g$ em gr) e no Oceano Índico ($700\ \mu g$ em gr). Em comparação com outros metais pesados, como o cádmio e o mercúrio, pode ser uma das razões da redução do chumbo na profundidade do oceano (Ismailisari, 2002).

1-1-4-1 Formas de contacto

A) Água

A quantidade normal de chumbo nos rios e lagos em todo o mundo é de cerca de 1 a *10µg* por litro. No entanto, existe uma maior quantidade em locais poluídos com resíduos industriais: a densidade de chumbo na água final (a água que sai após a filtragem) é importante, porque após esta fase, a água será distribuída.

A grande quantidade de chumbo na água potável deve-se à existência de chumbo no sistema de canalização das casas, que chega à água da cidade através de canos ou tanques de chumbo. Principalmente quando a água se encontra a baixo nível e é leve.

O limite de chumbo na água é de *10 µg* por litro (Ismailisari, 2002; Dabiri, 2013).

B) Alimentação

O chumbo existe numa vasta gama de alimentos, pelo que a sua quantidade é variável consoante o tipo de alimento.

A maioria dos legumes frescos tem algum chumbo e há também uma fração da sua densidade no solo.

A média internacional de absorção de chumbo no adulto é de 200 µg por dia. A quantidade de absorção de chumbo é afetada pela dieta. A quantidade média de absorção nos adultos é de 10 por cento e nas crianças de 5 por cento. Geralmente, a absorção diária de chumbo nas mulheres é menor do que nos homens.

As crianças entre os 1 e os 5 anos de idade absorvem diariamente cerca de 90 µg de chumbo. O aumento do chumbo em algumas substâncias deve-se aos pratos poluídos que são utilizados para cozinhar, em comparação com o composto mineral, a absorção do composto orgânico, através da pele, é bastante rápida.

A meia-vida biológica do chumbo nos tecidos moles foi registada nos músculos durante 5 anos e nos ossos durante 20 anos (Ismailisari, 2002).

Independentemente da forma de absorção, o chumbo tem efeitos no metabolismo e no sistema nervoso. Os efeitos mais importantes do chumbo são as perturbações do sistema nervoso, a redução da ligação nervosa e as perturbações comportamentais.

O limite de chumbo nos alimentos é de 0,05 µg por litro (Dabiri, 2013).

c) Metabolismo

Geralmente, cerca de 10% do chumbo pode ser absorvido pelos adultos, o que depende do facto de o estômago estar cheio ou vazio na altura de beber água. O chumbo absorvido entra no sangue e distribui-se pelos tecidos moles e pelos ossos.

Estudos de anatomia mostram que a quantidade de chumbo no esqueleto aumenta com o envelhecimento. Cerca de 90% do chumbo corporal encontra-se nos ossos. O chumbo pode entrar no feto através da placenta. Assim, a quantidade de chumbo no feto é bastante igual à sua quantidade no sangue da mãe (Dabiri, 2013).

O chumbo em baixa densidade reduz a síntese de Profobilinogénio, esta enzima é responsável pela síntese do sangue na fase de transformação do Ácido Amino Lolínico em Profobilinojénio. A redução da atividade desta enzima ocorre quando se está exposto ao chumbo.

O chumbo destina-se a combinar-se com os aminoácidos sulfúricos, mais ainda destina-se a combinar-se com a transmissão de energia.

Foi observado um elevado nível de densidade de chumbo no sangue das crianças com atraso de desenvolvimento.

O chumbo não tem qualquer ação positiva no organismo.

Os comités especializados determinaram a quantidade máxima diária de 3 mg de chumbo por semana em 1972 (Naderi et al., 2013).

O limite de chumbo na água é de *10μg* e nos alimentos de 0,01 por litro (Ismailisari, 2002).

2-1-4-1 Os efeitos do chumbo no ambiente

Os compostos insolúveis à superfície da terra gravitam nos sedimentos. As plantas aquáticas também recolhem chumbo.

Quando a densidade é superior a 0,1 mg por litro, a oxidação bioquímica orgânica pára. As águas subterrâneas são afectadas por compostos solventes de chumbo (nitrato e cloreto de chumbo).

A água potável que passa através de tubagens com chumbo pode conter uma elevada densidade de chumbo. As paredes internas dos tubos de chumbo, acompanhadas de água carbonatada, formam sedimentos de carbonato.

Uma grande quantidade de chumbo entra na atmosfera através do processo de combustão. Existe uma distinção considerável entre cidade e vila densamente povoada.

Dependendo da direção ou da velocidade do vento, da quantidade de precipitação e da humidade, os compostos de chumbo podem ser transferidos para uma distância considerável.

No entanto, a maior parte do chumbo existente na atmosfera deposita-se diretamente ou sai através das chuvas. O chumbo adere às partículas de poeira e deposita-se nas plantas e no solo. Chumbo

A absorção do chumbo faz-se sobretudo através da bebida. O chumbo é um problema grave nas zonas poluídas das cidades. Cerca de 30 a 50% do chumbo respirado permanece nos pulmões.

3-1-4-1 O efeito do chumbo no ser humano

O primeiro sintoma de envenenamento por chumbo são os sintomas neurológicos, a perturbação neurológica aumenta nas crianças e a tensão arterial elevada nos adultos. Um nível elevado de chumbo no sangue (50-100 μg por decilitro) causa problemas no sistema neurológico central, danos nos rins, impotência e também anemia. Uma correlação entre a pressão e o nível de chumbo aparece cerca de 30 *gg* por decilitro (Ismailisari, 2002; Dabiri, 2013).

2-4-1 Cádmio

O cádmio é um metal macio de cor branca prateada, com uma massa de 112,41 g, ponto de ebulição de 767 cg e ponto de fusão de 320,9 cg. Este elemento dissolve-se facilmente em ácido nítrico, mas lentamente em ácido clorídrico e ácido sulfúrico.

Este elemento encontra-se igualmente na crosta terrestre. Mas os seus compostos minerais encontram-se apenas em determinados locais do mundo, o minério de zinco tem uma grande quantidade de cádmio.

O cádmio é um importante poluente ambiental que se encontra em todos os ecossistemas, como a água, o ar, os alimentos e as plantas.

Os compostos de cádmio nas minas sob a forma de (sulfato), revestimento, (sulfato de cloreto, óxido, Sianid), fabricação de baterias (sulfato, óxido, hidróxido), fabricação de corantes (nitrato, sulfureto), televisão (sulfato, fabricação de filmes (carbonato e compostos orgânicos), (composto de sulfureto, selénio) em semicondutores, (cloreto e brometo) em escultura, actividades agrícolas (fertilizantes químicos e pesticidas como fungicidas, herbicida e ...) são fontes poluentes no ambiente.

O cádmio, sendo solvente na água, é afetado por diferentes factores, tais como o tipo de compostos da água e o PH da água. A água com menos de 1 em litro não está poluída.

A quantidade de cádmio absorvida pelos alimentos depende do estilo de alimentação dos animais. O rim e o fígado são locais adequados para a recolha, as conchas do mar têm uma grande quantidade de cádmio. No ar, a quantidade de cádmio é pequena, e a partir de 0,001 μg é variável.

A quantidade estimada de consumo no corpo através do ar é inferior a $10\mu g$ em litro por dia. A quantidade máxima é de $3{,}5\mu g$ por dia e, em algumas cidades, até 30 vezes é relatada. Normalmente, 20 cigarros têm $2\ a> 4\mu g$ cd também, que cerca de 50 por cento dos seus depósitos nos pulmões. A absorção de cádmio pela pele é bastante limitada.

Cádmio A meia-vida biológica no ser humano, nos tecidos moles e nos ossos, é de 10 a 30 anos (Ismailisari, 2002).

1-2-4-1 Formas de contacto

O cádmio é absorvido facilmente através da alimentação e da respiração. A absorção de cádmio através da digestão é afetada por alguns factores, tais como: idade, deficiência de cálcio, ferro, zinco e proteínas e também cádmio químico.

O estado do estômago também é eficaz na absorção do cádmio, sendo que a absorção do cádmio é mais elevada quando o estômago está vazio durante algum tempo.

O resultado de estudos realizados com cádmio marcado mostra que 4,7 a 7 por cento (média de 6 por cento) do cádmio é absorvido. Factores como a deficiência de ferro ou de proteínas podem aumentar a taxa de absorção intestinal e estomacal do cádmio.

Nas mulheres com deficiência de ferro, o cádmio é absorvido em cerca de 20 por cento. A absorção pulmonar do cádmio depende do tamanho dos átomos não combinados. 25 a 50 por cento do cádmio resultante do consumo de cigarros e tabaco é absorvido pelos pulmões. O cádmio absorvido entra no sangue e é armazenado em determinados órgãos. O fígado e os rins são os órgãos que armazenam o cádmio. A combinação do cádmio com a proteína é denominada metalotunina, que é responsável pela absorção e transmissão do cádmio. O cádmio tem uma meia-vida longa (13-28 anos) e a sua quantidade acumulada com o envelhecimento é significativa. Os alimentos e os cigarros, mais do que outras fontes, expõem o ser humano ao cádmio através da ingestão de cerca de 30 m.gr. de cádmio que entram no corpo diariamente. Os fumadores absorvem cerca de 1 a 3 μg por dia. A quantidade média de cádmio no cigarro é de 1000-3000 ppb, nos alimentos 2-40 ppb e na água potável menos de 1 ppb.

A densidade do Cádmio no ar é de 5-40 ng por Kg em metro cúbico. O Cádmio existente nos corpos dos trabalhadores que trabalham em indústrias com exposição ao Cádmio atinge mais de 100 mg. O Cádmio existente nos não fumadores é reportado como inferior a 20 mg em litro.

A expulsão do cádmio é bastante lenta e pode ser medida principalmente através da urina. Alguns acreditam que o cádmio urinário pode ser considerado como o parâmetro da quantidade de cádmio no corpo.

Cádmio. Depois de ser absorvido pelo organismo, participa nas actividades metabólicas e enzimáticas, causando-lhes problemas (Ismailisari, 2002).

2-2-4-1 Efeitos do cádmio no ambiente

O cádmio encontra-se normalmente nas águas superficiais e subterrâneas. O cádmio entra no ecossistema aquático através da erosão do solo, do leito rochoso, dos sedimentos poluídos causados por fábricas industriais, dos resíduos de regiões poluídas e da utilização de fertilizantes e lama na agricultura. A maior parte do cádmio introduzido na água doce pode ser rapidamente absorvido em matérias não combinadas e ser libertado no sistema aquático.

O cádmio absorvido nos sedimentos, ou dissolvido na água, entra na cadeia alimentar. Os rios poluídos podem poluir os seus arredores através da irrigação agrícola, da dragagem de sedimentos ou de torrentes. Os animais podem sofrer de deficiência de ferro, doenças hepáticas e danos cerebrais e neurais devido ao envenenamento por cádmio. A respiração do cádmio danifica os rins e altera o sistema imunitário em taxas e mousses e é acompanhada de efeitos na reprodução.

Estudos demonstram que o cádmio provoca cancro do fígado e dos testículos em animais.

Em estudos efectuados com taxas, uma grande quantidade de cádmio provoca o aumento do coração, a tensão arterial, a clerose das artérias e danos nos rins. A pressão sanguínea também foi observada noutros animais.

O envenenamento grave pode causar a morte de animais e aves. E causa envenenamento grave em criaturas aquáticas (Dabiri, 2013).

3-2-4-1 Efeitos do cádmio no ser humano

Os efeitos extremos resultantes da utilização de pratos revestidos com cádmio provocam doenças digestivas graves.

Bronquite, enfisema, anemia e cálculos renais são outros sintomas do cádmio. A secção córtex do rim é um dos órgãos críticos para a recolha de cádmio.

Os efeitos renais clássicos resultantes do envenenamento por cádmio no ser humano são urina açucarada e aminoacidez da ureia. Em regiões com elevado contacto com o cádmio, observa-se a doença de Itai-Itai.

O cádmio é capaz de danificar seriamente os rins nos adultos. As bebidas infectadas causam efeitos graves nas crianças. Foi observada pressão sanguínea após a exposição ao cádmio, efeitos tetragénicos, nascimentos com raiva, nascimentos com mutações e nascimentos com cancro em resultado da injeção de cádmio em grandes quantidades.

Os efeitos da exposição ao cádmio a curto prazo (10 μg por litro de água potável) são uma pequena prevenção da absorção digestiva do ferro. A exposição a longo prazo aumenta o risco de cancro da próstata (Ismailisari, 2002).

A Organização Mundial de Saúde e a Organização para a Alimentação e a Agricultura, com base em estudos, anunciaram que a quantidade de 10 μg *de* cádmio por litro no sangue total não tem efeitos negativos. A quantidade de 3 μg de cádmio sob a forma de alimentos não tem quaisquer efeitos negativos no ser humano. A densidade crítica para a secção do córtex renal no ser humano é de 200 a 250 μg em kg. As pessoas que absorvem 248 μg de cádmio diariamente, aos 50 anos de idade, atingirão a densidade crítica (Dabiri, 2013).

A absorção de cd, através da digestão, é de 6 por cento em média, e é uma função da quantidade de cádmio e zinco existente na proteína e do composto de cádmio sendo solvente.

A quantidade admissível na água potável foi determinada em 5 μg por litro.

A densidade admissível para criaturas aquáticas é de, no máximo, 1,5 μg por litro.

Respirar 1 μg por metro cúbico de cd no ar causa doenças respiratórias crónicas.

O contacto a longo prazo de 0,1 μg por metro cúbico pode aumentar as doenças respiratórias e prejudicar os rins. A expulsão do cd através da urina e das fezes é lenta (2 μg por dia).

A meia-vida biológica do Cd no corpo humano é de 15 a 25 anos. Os danos nos rins também foram observados através da absorção respiratória e da alimentação, no entanto, estas doenças não conduzem à morte, mas causam cálculos renais, tensão arterial elevada e doenças cardíacas.

O cádmio reduz a resistência do sistema imunitário, nomeadamente a resistência do hospedeiro contra bactérias e vírus (Ismailisari, 2002).

4-2-4-1 Avaliação dos riscos associados ao cádmio

A Organização Mundial de Saúde e a Organização para a Alimentação e a Agricultura determinaram a quantidade máxima de absorção semanal de Cd, 7 mg por kg (cerca de 60 μg por dia). A FAO recomendou a absorção diária máxima de 55 μg (Ismailisari, 2002).

A quantidade padrão de metais pesados chumbo e cádmio obtida pela organização nacional padrão do Irão é: a quantidade padrão de cádmio na água 3 $\mu g\,por$ litro e a quantidade padrão de chumbo na água 10 $gg\,por$ litro, a quantidade padrão de Cd no tecido do peixe 50 μg por kg e a quantidade padrão de Pb no tecido do peixe 300 μg por kg (Parvane, 1992; Departamento do Ambiente, 1994; Mousavi, 1997; Naderi, 2013; Associação pública americana, 1998).

5-1 Objectivos

1- Determinar a quantidade de metais pesados Pb e Cd no rio Zayandehroud

2- Determinar a quantidade de metais pesados Pb e Cd no fígado, nos rins e nos tecidos branquiais de trutas residentes do rio Zayandehroud.

6-1 Hipóteses

Os metais pesados Cádmio e Chumbo na água do rio Zayandehroud são superiores às normas de potabilidade.

Os metais pesados chumbo e cádmio em Zayandehroud são bioacumulados nos tecidos do fígado, rins e brânquias das trutas.

CAPÍTULO 2

Bibliografia

1-2 Estudos fora do Irão

Jalili e khakpour (2006) estudaram a quantidade de chumbo, zinco e cádmio através da metodologia de amostragem do rio Mond em quartéis de bombeiros, tendo concluído que a quantidade destes três elementos é superior ao limite, isto é, para os resíduos de saída das fábricas circundantes, e a quantidade destes elementos na parte inferior é superior.

Akhoundi et al. (2007) pesquisaram a quantidade de metais pesados em Ghomroud. Recolheram amostras de seis estações diferentes deste rio. E mediram a densidade de chumbo, Cd e zinco neste rio. A quantidade de chumbo neste rio situava-se entre 0,97 e 5,5 µg, o que foi considerado como o fator de diluição do poluente e a ausência de indústrias centralizadas ao longo do rio, considerada como a taxa de redução, e a existência de centros industriais metálicos em algumas partes do curso do rio, como um fator de adesão. A quantidade máxima de cd 0,08 *µg* por litro foi observada na parte inferior do rio, devido às indústrias metálicas nos subúrbios de Ghom, no entanto os resíduos das fábricas relevantes para a Sipa co. aumentaram estes metais na parte superior do rio.

Khodadadi e Mohammadi (2010) mediram o chumbo e o cádmio nos tecidos do fígado e dos músculos do peixe Shirbot. Para esta investigação, foram capturados 48 peixes de tamanho aleatório no rio Dez (aldeia de Ali Abad). A quantidade média de chumbo e de densidade de cádmio nos músculos do peixe Shirbot foi de 1,0997 e 1,2944 µg por kg, respetivamente, e no fígado de 1,3497 e 1,5525 µg por kg de peso seco, o que mostrou que a quantidade de recolha destes metais pesados no tecido comestível (músculo) é superior ao limite da Organização Internacional de Saúde. É o resultado da descarga de resíduos industriais, agrícolas, hospitalares e urbanos que aumenta a poluição na parte inferior do rio.

Pourkhabbaz et al. (2012) recolheram quatro amostras de Zayandehroud a 40 cm de profundidade na primavera e quatro amostras de vários locais no verão. Foram medidos: DO, BOD, Turbidez, pH, Infeção microbiana, Nitrato, fosfato,

TDS e metais pesados no rio. Declararam as razões da poluição do Zayandehroud, que eram as fábricas, os resíduos das centrais eléctricas e o saneamento agrícola, tendo finalmente concluído que a parte inferior do rio está mais poluída do que a parte superior.

Rahmani e Maamanpoush (2012) Recolheram amostras de Zayandehroud a 25 cm de profundidade. Uma vez por estação e em três estações. Estudaram os efeitos das actividades agrícolas na qualidade da água. O resultado mostra que existem metais pesados no rio, mas a quantidade de cobre, manganês, chumbo, níquel e cianeto é inferior ao limite, mas as alterações no cádmio foram de 0,01 a 0,02 µg, o que é superior ao limite máximo de água potável. É necessário controlar a qualidade dos fertilizantes utilizados e dos venenos dos pesticidas. Na água do rio também há fosfato e nitrato devido aos fertilizantes e venenos agrícolas que causaram o fenómeno de nitrificação.

Velayatzadeh et al. (2012) estudaram a quantidade de metais pesados chumbo, cádmio e mercúrio nos músculos do peixe Shoorideh de Bandar Abbas e Abadan. Para realizar esta investigação, foram recolhidas 42 amostras de peixes de tamanho aleatório. Concluiu-se que a quantidade de cádmio recolhida é mais elevada e que o chumbo se encontra num nível normal. Tal deve-se às alterações que ocorreram na sua densidade em várias estações do ano. De um modo geral, a quantidade de metais pesados nos peixes de Bandar Abbas é superior à do porto de Abadan, o que se deve à elevada densidade das indústrias e à grande quantidade de resíduos industriais e urbanos que são descarregados no mar.

Naderi et al. (2013) recolheram amostras da água de Zayandehroud durante 6 meses e estudaram a densidade do chumbo e do cádmio em diferentes estações do ano, tendo concluído que a quantidade destes elementos no rio é inferior ao limite e é segura para consumo.

Hamidian e Ariaee (2014) estudaram as alterações histopatológicas no fígado do peixe-zebra causadas pelo arsénio e pelo cádmio. Para esta investigação, recolheram 350 amostras de peixes de um dos braços do rio Shoureshtehar. As alterações dependem do tipo, da densidade dos metais pesados e das espécies expostas ao Cd. A quantidade de salinidade da água afecta a recolha de metais pesados. Na água salgada, a recolha é menor do que na água doce e, finalmente, concluíram que a redução da densidade do sal e a elevada dureza da água aumentam a perda causada pelo arsénio e pelo cádmio. Assim, a elevada dureza da água é útil para os organismos aquáticos e, ao aumentar a dureza, a quantidade de envenenamento por metais pesados diminuirá.

Peykanpour et al. (2014) estudaram a recolha biológica de cd na água e os seus efeitos na qualidade do peixe Tas. Nesta investigação, foram colhidas amostras de 60 peixes provenientes da propagação e cultivo de peixes de Esfahan e transferidas para o campo de cultivo da Universidade de Isfahan, em condições especiais de conservação e, para o envenenamento experimental, foi utilizado o cádmio colorido mono-hidratado, tendo sido investigado o efeito do cádmio no fígado, nos rins, nas guelras e nos músculos dos peixes.

2-2 Estudos no Irão

Okonkwo e Mothiba (2005) pesquisaram a quantidade de metais pesados existentes nos rios de thohoyandou, na África do Sul. Estudaram as formas físicas e químicas dos metais, para estimar a sua capacidade de envenenar as criaturas aquáticas. Estes investigadores mediram a densidade de Cu, Pb, Cd e Zn utilizando uma máquina de absorção atómica e relataram que a densidade dos metais medidos, exceto Cd e Pb, era inferior à norma internacional.

Taghiniu e Rabert (2010) efectuaram uma amostragem do rio Cabini. Nesta investigação, foram recolhidas 3 amostras de água de 3 zonas e concluiu-se que o rio está poluído com metais pesados. A quantidade de Pb é a maior, mas a de Zn e Cu é a menor.

Yi et al. (2012) estudaram o rio Beijing, na China, que se encontra nas imediações de uma mina de cobre e é uma das regiões mais afectadas pela quantidade de Pb, As, Zn e Cd. Nesta investigação, foram recolhidas e analisadas 15 amostras de água e 10 amostras de sedimentos externos. Os resultados mostram que a qualidade da água, de acordo com a classificação nacional, se situa no terceiro nível e é significativamente consequência da atividade mineira, sendo os seus principais poluentes o Pb, o As e o Zn. Com o afastamento da mina, a quantidade de metais pesados reduzir-se-á. Em locais com alterações irregulares, a existência de barragens de centrais eléctricas e de água, as características geológicas dos sedimentos dos rios, a água da região e outras actividades humanas podem ser eficazes. Além disso, devido às acções preventivas, a qualidade da água é melhor do que antes.

Darshan (2014) estudou os metais pesados, as fontes que criam estes metais e os seus efeitos na saúde humana. Para esta investigação, foram recolhidas 5 amostras de água em 5 meses e finalmente concluiu-se que a quantidade de Cd, Pb, Cu, Cr, As era superior ao limite.

Shanbezadeh e Karimi (2014) estudaram o rio Tembi e pesquisaram os metais pesados. Nesta investigação, foram recolhidas 10 amostras de água em 10 semanas. Por fim, concluíram que a quantidade de Cd é a menor e a de Pb e Cu a maior.

CAPÍTULO 3

Metodologia

1-3 Materiais

Esta investigação foi implementada em três meses, junho, julho e agosto (plantação de arroz, crescimento, colheita) em cada mês, a poluição por metais pesados chumbo e cádmio foi investigada. A água foi recolhida em três pontos. O peixe foi capturado num ponto e o seu fígado, rim e brânquias foram amostrados.

1-1-3 Fases de plantação, crescimento e colheita

A agricultura em Zarinshahr é comum, os campos de arroz têm cerca de 2000 acres. O arroz Lenjan é um dos produtos mais importantes desta região, pelo que existem campos de arroz consideráveis nesta cidade e é a principal razão da poluição dos rios devido à utilização de venenos e fertilizantes químicos. A partir do final de abril, os terrenos de armazenamento foram preparados e os agricultores começaram a demolhar as sementes para fazer os rebentos de armazenamento. Recomenda-se que as sementes sejam peneiradas com água salgada e que a desinfeção seja feita com fungicidas adequados (Moshkat, 2006).

Depois de preparar as sementes e de lavrar o suficiente nas terras de armazenamento, os agricultores utilizam estrume e o pó de lã de carpete. É claro que também se recomenda a utilização de potássio, fosfato de amoníaco.

Mas, como não estavam disponíveis, os agricultores utilizavam sobretudo microfertilizantes completos e também recomendavam que, depois de prepararem o armazenamento para plantar, para terem uma cama melhor para plantar, esperassem um dia e depois plantassem.

E também utilizar menos sementes, e evitar que os rebentos cresçam mais de quarenta dias, caso contrário, provoca uma floração precoce e minimiza a sua função.

Na transferência para o terreno principal, recomenda-se que a distância entre plantas seja maior, mas as linhas de plantas sejam menores e a sua profundidade seja de cerca de 2-3 centímetros e a água da quinta na altura da plantação seja pouca.

Para preparar a terra principal, recomenda-se que todos os micro fertilizantes, tais como fosfato e um terço de ureia e potássio, sulfureto de zinco e enxofre, sejam misturados e adicionados à terra principal e depois enchidos com água (Maamanpoush et al., 2001).

Na fase de plantação, são dados ao agricultor alguns fertilizantes como a nitroksina, o fosfato fértil e a sobtilina (substância biológica para melhorar e aumentar o crescimento das plantas e desinfetar o solo). As instruções incluem (Rahmani e Maamanpoush, 2012).

Os adubos biológicos protegem o arrozeiro das tensões ambientais. Os ataques de factores patogénicos, a paralisia e a má nutrição causada pela má absorção dos alimentos necessários. As substâncias biológicas provocam a adesão de produtos de alta qualidade, equilibrando o crescimento das plantas e a absorção dos alimentos necessários (Moshkat, 2006). A quantidade de substância biológica dedicada nesta fase é de 100 litros, em recipientes de 4 litros. Alguns agricultores utilizam a injeção de sementes antes da colheita e outros utilizam a injeção de raízes de arroz na altura da transição do armazenamento para a terra firme.

A ração dedicada de fosfato fértil é de seis pacotes de 100 gr., no momento da transição da planta do armazenamento para a terra principal, eles bloqueiam a água de armazenamento e usam um pacote de 100gr - fertilizante resolvido em água e adicionam à água de armazenamento, as plantas no momento da transição são misturadas com esses fertilizantes e estão prontas para plantar. O fertilizante biológico é um substituto adequado para os fertilizantes químicos fosfatados. A redução de 50 por cento dos fertilizantes químicos não só causa poupanças económicas, como também reduz a infeção do solo e da água por metais pesados como o chumbo e o cádmio.

A baixa despesa de transporte é outra vantagem dos fertilizantes biológicos. Porque 100 gr funcionam como 100 kg de produtos químicos. A Sobitilina encontra-se em embalagens de um quilo, que são utilizadas para armazenar a desinfeção do solo.

(Para cada metro quadrado de solo de terra de armazenamento, são utilizados 50 gr em 10-12 cm de profundidade do solo) 10 pacotes são utilizados para 200 metros quadrados de solo de armazenamento numa terra agrícola.

Em pistas com textura de solo pesada, se for utilizada uma grande quantidade, a maioria das plantas fica amarela e os agricultores consideram-no uma deficiência de ureia. Recomenda-se a utilização de água nesta altura (Rahmani e Maamanpoush, 2012).

Para libertar os gases nocivos, através do condicionamento do solo, uma das acções é a utilização de fertilizantes de cobertura nas várias fases de crescimento. Para a cobertura utiliza-se sulfato de amoníaco, nitrato de amoníaco e ureia.

A ureia é frequentemente mais económica do que o sulfato de amoníaco e recomenda-se não utilizar o nitrato de amoníaco nas explorações com menos sulfato, sendo preferível o sulfato de amoníaco.

É claro que por deficiência de sulfato nessas fazendas, esse fertilizante é mais recomendado. A adubação de cobertura com ureia é implementada pelos agricultores em duas fases, o que é recomendado, um mês após o plantio trans, significa na fase de perfilhamento, e também no final do caule, quando 30 por cento dos caules têm flores iniciais (12cm) a próxima fase, uma semana antes da floração é recomendada porque nesta fase a percentagem de sementes cheias aumentou, os caules aparecem e amadurecem igualmente, e também a proteína na semente aumentará (Moshkat, 2006).

Recomenda-se também a utilização de cloro de sódio na fase inicial de floração. (Nesta altura a planta bombeia mais potássio do solo), mas não estava disponível para todos os agricultores e eles usaram fertilizantes fortificantes sob a forma de salpicos de solução (que foi eficaz). Alguns agricultores utilizaram fertilizantes de zinco e enxofre sob a forma de salpicos nas fases de crescimento e ficaram satisfeitos. Um dos fertilizantes fortificantes é o complexo de arroz, que deve ser utilizado em três fases (perfilhamento - caule - floração), sendo que cerca de 7 litros deste fertilizante são dedicados aos agricultores e utilizados em três fases. Os agricultores estavam satisfeitos e tinham bons efeitos no perfilhamento e no caule (Rahmani e Maamanpoush, 2012).

Um dos problemas na fase de crescimento era a existência de pragas e doenças na região. E a mais importante era um tipo de fungo que causa a doença da podridão anelar.

Na planta infetada com este fungo, a secura do arbusto começa nas folhas laterais e depois desenvolve-se para a flor central. E a sua cor passa a amarelo, aparecendo manchas pretas no anel. Nas quintas com muita água, se o pé dos arbustos for testado, a parte do anel será preta. Os arbustos infetados florescem mais cedo, mas as sementes são finas, enrugadas e quase sempre ocas. Nesta região é mais comum porque a água nestas explorações é mantida durante vários dias, pelo que inicialmente se recomenda que se desinfecte as sementes com fungicidas. E quando a doença for observada, minimizar o uso de fertilizante de Nitrogénio (ureia) e controlar a doença através de ar condicionado e evaporação da água e uso adequado de potássio. Uma das pragas mais importantes nestas terras é o verme comedor do caule do arroz. Para o combater, siga os conselhos recomendados:

1- Luta das culturas arvenses: Por causa da larva invernícola, esta praga permanece no caule e é aconselhável, a colheita deve ser feita a partir do pé e perto da superfície do solo e depois o terreno deve ser lavrado para matar a larva invernícola, através de redução húmida e seca. E os restos devem ser recolhidos e destruídos.

2- Luta biológica pela abelha Trico Grama: Para controlar a geração de pragas, muitas vezes no início de junho, procede-se à libertação de abelhas uma vez, e para controlar a segunda geração, que coincide com a floração e o florescimento, a libertação é feita novamente na altura do pôr do sol. A libertação de abelhas, considerando a borboleta mensageira, é feita através da formação de armadilhas que são instaladas nas explorações.

3- Luta química com venenos Granole Diyaznion. O tempo de pulverização do fertilizante e a quantidade do mesmo no controlo e luta contra esta praga é muito importante (Maamanpoush et al., 2001).

Uma vez que as acções de plantação e crescimento são demasiado importantes, a colheita deve ser feita no momento certo e deve ser evitada a destruição dos produtos devido a vários factores. Assim, as actuais ceifeiras-debulhadoras da região não são adequadas para a colheita de trigo e cevada. Assim, o desperdício de arroz irá aumentar. Para resolver este problema, com a ajuda de engenheiros, as ceifeiras-debulhadoras são inspeccionadas e as ceifeiras-debulhadoras adequadas recebem etiquetas técnicas nos seus corpos e obtêm autorização para trabalhar na região (Moshkat, 2006).

Recomenda-se a todos os agricultores que a colheita seja efectuada quando a planta tiver crescido completamente e os arbustos se tornarem amarelos e as sementes tiverem passado a fase pastosa sólida.

Por outras palavras, 80 por cento das sementes acima dos cachos ficam amarelas e a água da quinta deve ser cortada 5 a 10 dias antes da colheita, para que haja condições adequadas para a colheita.

O produto não deve amadurecer muito, pois o atraso na colheita acaba caindo durante a colheita, embalagem e recolhimento e na hora de retirar a casca, a quantidade de sementes quebradas aumentará. Alguns agricultores fazem a colheita manualmente e o resultado é satisfatório (em comparação com estas ceifeiras-debulhadoras). Após a colheita, recomenda-se a utilização de um arado de outono e deve evitar-se a queima da serradura, e também para minimizar a população de vermes comedores de caules na altura da colheita, o caule do arroz deve ser cortado a partir do pé e a serradura deve ser removida da exploração agrícola (Estatísticas agrícolas da província de Isfahan, 2004; Moshkat, 2006; Maamanpoush et al., 2001).

Figura (1-3) Campos de arroz de Zarinshahr

2-1-3 Resultados negativos da utilização excessiva de fertilizantes agrícolas

- Impõe despesas aos agricultores e tem resultados destrutivos.

- O envenenamento, causado pela utilização excessiva destes elementos, ocorre por absorção excessiva e aumenta a densidade dos mesmos na textura da planta e destrói o equilíbrio dos elementos alimentares.

- A redução da quantidade e da qualidade dos produtos.

- A recolha de chumbo, cádmio e outros metais pesados nas plantas.

- A redução da absorção de cobre, ferro e outros nutrientes através do caule da planta.

- Destruição da estrutura do solo.

- Os rios e lagos poluirão com fosfatos e metais pesados se os interceptarem.

A entrada e a recolha de fosfato aumenta o crescimento de ervas marinhas e lentilhas na água e a falta de oxigénio.

Consequentemente, provoca a redução da vida aquática e até a sua morte. A entrada e recolha de metais pesados na água significa a entrada desses metais no ciclo alimentar e a sua recolha nas criaturas aquáticas e, finalmente, o desenvolvimento de doenças nos seres humanos.

2-3 Métodos

O método desta investigação baseia-se na medição e na experimentação. Os metais pesados testados são o cádmio e o chumbo que entram no Zayandehroud através de fertilizantes e pesticidas usados nos campos de arroz de Zarinshahr e os seus efeitos na qualidade da água e dos peixes. A quantidade destes metais pesados varia consoante as estações do ano.

Na primeira metade do ano, ou seja, na primavera e no verão, devido à plantação, ao cultivo e à colheita, a quantidade de arroz é maior.

A escolha da estação adequada para a amostragem é o passo mais importante da investigação. Porque uma amostra deve ser generalizada para o todo e conter todas as características necessárias. A condição da estação deve ser uma referência da região, o local deve ser natural, sem qualquer oposição e a informação exacta deve estar disponível. Numa amostragem, o método, o equipamento, o equipamento esterilizado, o período de tempo de transferência das amostras para o laboratório, a conservação da amostra, etc., são todos eficazes para a exatidão dos resultados. A amostragem de Zayandehroud foi efectuada a 30 cm de profundidade. O local de amostragem foram os campos de arroz de Zarinshahr. As três estações de amostragem são:

Estação 1: 20 metros antes dos campos, estação 2: no meio dos campos e estação 3: 100 metros após o fim dos campos. Estas acções foram realizadas nas épocas de plantação, crescimento e colheita, ou seja, em junho, julho e agosto. Em geral, foram colhidas 3 amostras de água e uma amostra de peixe em cada mês. O instrumento de amostragem foi um frasco estéril de 5 litros para recolher água, que foi enchido e esvaziado antes da amostragem várias vezes (para esta amostragem não foi necessária qualquer outra condição, como a luz e o tempo para chegar ao laboratório). As experiências relacionadas com as amostras de água e as amostras de peixe foram realizadas por máquina de absorção atómica através do método de forno gráfico para determinar o cádmio e o chumbo.

1-2-3 Espectrofotometria de absorção atómica

A espetrofotometria de absorção atómica (AAS) é um dispositivo extraordinário com funcionamento multi-tarefa em química analítica.

Os elementos de envenenamento escassos na água potável e alguns outros elementos comuns como o cálcio, o sódio e também uma pequena quantidade de densidade de metais foram medidos por AAs. A AAs é o estudo da absorção da energia da radiação (geralmente na zona ultraviolenta) através de átomos neutros em estado gasoso. No entanto, os métodos de amostragem, o equipamento e os aspectos dos espectros são tão diferentes que a absorção atómica é estudada individualmente.

A vantagem potencial da AAS para a análise de elementos metálicos foi inicialmente sugerida em 1965 por Walsh, Alchemid e Milans. Desde então, foram desenvolvidos alguns métodos de determinação de 65 elementos.

Estão disponíveis muitos aparelhos comerciais especialmente concebidos para este tipo de análise.

Numa análise de Absorção Atómica, o elemento medido deve ser reduzido ao estado elementar, evaporado e colocado no punho da fonte de radiação.

Este processo é frequentemente formado pela drenagem de uma solução de Amostra sob a forma de névoa fina, numa chama apropriada (Saleh e Bahaa, 2007).

1-1-2-3 Espectros de absorção atómica

O AAS de um elemento, na sua forma gasosa e atómica, contém uma série de linhas estreitas e definidas de descarga eletrónica dos electrões mais externos de um elemento.

As medições de absorção são diretamente afectadas pelas frequências de temperatura. O número total de átomos produzidos e esperados para absorver de uma amostra é frequentemente aumentado pelo aumento da temperatura. Além disso, como as partículas atómicas se movem mais rapidamente a altas temperaturas, o efeito Dupler torna-se maior, a linha larga e, consequentemente, ocorre um declínio na elevação do transmissor.

A alta densidade de átomos gasosos também causa uma potencial ampliação das linhas de absorção. Devido a estes resultados indirectos, é necessário que a temperatura da chama seja controlada de forma razoável para a medição de quantidades por AAS (Demtroder, 1996).

2-1-2-3 Medição da absorção atómica

Devido ao facto de as linhas de AAS serem demasiado estreitas e de as energias de transmissão de cada elemento serem únicas, os métodos analíticos baseados neste tipo de absorção são potencialmente exclusivos.

A principal falha desta técnica é a necessidade de uma lâmpada de fonte separada para cada elemento de análise.

Para colmatar esta falha, foram feitas algumas tentativas para aplicar uma fonte constante com uma lâmpada monocromática de alto poder de participação, ou colocando um composto do elemento medido na chama quente, para gerar uma fonte linear, mas nenhuma destas técnicas é tão satisfatória como a aplicação de uma lâmpada específica para cada elemento (Ebdon, 1982).

3-1-2-3 Equipamento

O equipamento necessário para as medições AAS tem as mesmas portas principais que um espetrofotómetro tem para medir a absorção de uma solução. Estas partes contêm uma fonte monocromática, um recipiente de amostra (uma chama), um detetor e um amplificador de reagentes. As principais diferenças entre o equipamento de AAS e o de solução residem no equipamento da fonte e no recipiente de amostra. Os aparelhos mono-radial e birradial foram concebidos para estudos de AAS (Demtroder, 1996).

4-1-2-3 Fontes de radiação

As lâmpadas de cátodo oco ou os tubos de descarga de gás são fontes para o espetro dos medidores de luz de absorção atómica (Saleh e Bahaa, 2007).

A) Modular a radiação

A saída da fonte de radiação, independentemente do tipo, para eliminar os obstáculos causados pela chama que envolve a amostra, deve ser modulada. Esta chama espalha um espetro menos ou mais constante que é formado pela estimulação das moléculas de combustível.

Além disso, pode conter um espetro linear relacionado com a estimulação dos átomos metálicos da amostra. Observamos que a quantidade de átomos que são estimulados pela temperatura da chama é pequena. No entanto, alguns átomos que são estimulados, espalham uma radiação que está relacionada com a linha de absorção de ressonância selecionada para analisar que é uma fonte ativa de impedimento.

A fim de eliminar a maior parte da radiação da chama, o monocromático está sempre localizado entre a chama e o detetor. Esta disposição é diferente da que se encontra na maioria dos espectros dos fotómetros, no entanto é evidente que o monocromático, transfere a linha de difusão relacionada com o comprimento de onda do transmissor de absorção (Demtroder, 1996; Saleh e Bahaa, 2007).

B) Lâmpada de cátodo oco

A lâmpada de cátodo oco é a fonte de radiação mais comum para a Espectrografia de Absorção Atómica.

Foi concebido um tubo constituído por um vidro espesso, com uma janela brilhante numa das faces. No interior da outra face, foram soldados dois fios de tungsténio. Um deles actua como ânodo e está ligado à extremidade de outro fio de um cilindro metálico oco com um calibre de 10 a 20 ml. Este cilindro actua como cátodo. O cilindro é feito de metal cujo espetro é considerado ou é utilizado para manter uma camada desse metal. O tubo é cheio com gás hélio puro ou

Árgon sob a pressão de 1 ou 2 mm quando é aplicado um potencial. Entre dois eléctrodos, ocorre a ionização do gás e uma corrente, como consequência do movimento dos iões, flui em direção aos eléctrodos. Se o potencial for suficientemente grande, o gás dos catiões obtém energia cinética suficiente para separar alguns átomos metálicos da superfície do cátodo e produz-se uma nuvem atómica. A isto chama-se disparo. Alguns destes átomos metálicos disparados estão em estado de excitação, pelo que espalham a sua radiação inerente de forma convencional. Continuando este processo, os átomos metálicos espalham-se de novo em direção à superfície do cátodo ou às paredes vítreas do tubo e voltam a depositar-se. A configuração do cátodo cilíndrico tende a centralizar a radiação numa área limitada do tubo, o que também aumenta a possibilidade de nova deposição no cátodo.

Estão disponíveis várias lâmpadas de cátodo oco. O cátodo de algumas delas contém uma combinação de vários metais. Este tipo de lâmpadas desenvolve a análise de mais do que um único elemento.

Tubos de descarga gasosa, produzem um espetro de revestimento passando uma corrente eletrónica através do vapor dos átomos de um metal.

Estas fontes são eficazes para produzir espectros de metais alcalinos.

Para obter um vapor atómico numa Análise de Absorção Atómica, os elementos da amostra devem ser transformados em partículas atómicas inertes, evaporados e pulverizados na forma de radiação, de modo a que o seu número corresponda repetidamente à sua densidade na amostra.

Este processo é geralmente a parte menos eficaz deste método e é responsável pelos maiores erros de aproximação analítica. Foram estudados vários dispositivos para a formação de vapor atómico. Estes dispositivos são: 1- Fornos em que a amostra atinge rapidamente temperaturas elevadas. 2- Arcos e faíscas electrónicas em que a amostra, sólida ou líquida, é afetada pela intensidade elevada da corrente ou pelo potencial elevado da faísca de corrente periódica. 3- Dispositivos de disparo, nos quais a amostra que é mantida sobre um cátodo é bombardeada por um gás de iões positivos. 4- Pulverização por chama, em que a amostra é pulverizada numa chama gasosa. Até à data, a pulverização por chama tem sido considerada a técnica mais prática e tem sido aplicada em todas as máquinas comerciais (Saleh e Bahaa, 2007).

No aplicador, a totalidade ou parte de uma solução da amostra sob a forma de uma névoa fina é pulverizada numa chama que se encontra no caminho da radiação da fonte. As partes importantes da chama, de baixo para cima, são: suporte, cone interior, zona de reação e cobertura exterior. A amostra entra pela base da chama sob a forma de pequenas gotas. Nesta zona, uma quantidade considerável de pequenas gotas evapora-se, pelo que uma pequena quantidade de amostra sob a forma de partículas sólidas entra no cone interior. Nesta zona, a evaporação e a análise ocorrerão em estado atómico. Nesta zona, também se inicia o processo de excitação e absorção. Ao entrar na área de reação, os átomos transformam-se em óxido, este óxido passa através da cobertura exterior e, subsequentemente, é descarregado da chama. Não é necessário seguir esta sequência para cada gota que é aspirada para a chama. De facto, com base no tamanho das gotas e na velocidade da corrente, uma parte da amostra pode passar inalterada através da chama (Demtroder, 1996).

A área da chama em que ocorre a maior parte da absorção e circulação depende de factores como o tamanho das gotas, o tipo de chama aplicada, a relação entre o oxidante e o combustível e os tipos de intenção de entrar no processo de formação de óxido.

Vários maçaricos em AAS: em AAS são utilizados dois tipos de maçaricos. Em todos os casos, a solução da amostra, o combustível e o gás oxidante são transferidos através de passagens separadas e são combinados numa boca no suporte da chama.

Na tocha pré-misturadora, a amostra é aspirada para uma grande cápsula por uma corrente de oxidante. Aqui, a névoa fina da amostra e o combustível serão combinados e depois direccionados para a boca da tocha. As gotas maiores acumulam-se no fundo da cápsula e saem (Ebdon, 1982).

5-1-2-3 Combustíveis e oxidantes

Os combustíveis aplicados para criar chama são: gás natural, propano, butano, hidrogénio e acetileno. O acetileno pode ser o combustível mais utilizável. Os oxidantes típicos são: ar, ar enriquecido com oxigénio, oxigénio e óxido de nitrogénio; o composto óxido de nitrogénio e acetileno é preferível porque o seu perigo de explosão em caso de chama quente é menor: Cobre. Chumbo, zinco e cádmio, é preferível aplicar uma chama a baixa temperatura. Ao aumentar a temperatura da chama, a ionização dos átomos pode ser expetável. A relação entre o combustível e o oxidante também afecta a quantidade de formação de átomos na chama. Estas vantagens são complicadas e o melhor composto deve ser determinado na prática (Ebdon, 1982).

6-1-2-3 Gerador ou filtros monocromáticos

Um dispositivo de absorção atómica deve ser capaz de fornecer uma banda larga, tão estreita que permita separar a linha selecionada para medição de outras linhas que possam ser perturbadoras ou diminuir a sensibilidade da análise.

O dispositivo que aplica o filtro comutativo e de interferência está disponível comercialmente (Demtroder, 1996).

7-1-2-3 Detectores e reagentes

Os tubos fotográficos duplicadores são aplicados para converter o sinal de energia da radiação em eletrónico. Como explicado anteriormente, um dispositivo eletrónico é capaz de distinguir entre o sinal modulado da fonte e o sinal constante da chama (Ebdon, 1982; Saleh e Bahaa, 2007).

8-1-2-3 Utilizações

O AAS é um dispositivo sensível que permite determinar mais de 60 elementos, como o chumbo, o cádmio, o zinco, o ferro, o níquel, o molibdénio, o vanádio, etc., que podem ser medidos com uma precisão de até mg por litro (ppm) por este dispositivo (Saleh e Bahaa, 2007).

9-1-2-3 Limitações do método AAS

A AAS é capaz de determinar um elemento em cada momento. Mas esta técnica forma-se lentamente e, para analisar vários elementos, é um método longo e aborrecido. A mutabilidade da densidade da amostra pode ser problemática, porque o acesso à AAS é limitado (Demtroder, 1996; Ebdon, 1982).

10-1-2-3 Aparelho AAS com sistema de chama

O aparelho de AAS utilizado é o PERKIN ELEMER Modelo 3030 fabricado nos E.U.A. É combinado com o sistema de chama e o forno de grafite acompanhado com o programador HGA 400 e o sistema Hydroid MHS 10, e mede metais com baixo limite de reconhecimento em várias matrizes utilizando lâmpadas inteligentes (HCL) e (EDL). A chama do dispositivo AAS é ajustada automaticamente e atinge o estado ótimo e a quantidade da sua absorção no início de cada medição é controlada por uma solução padrão com densidade definida. O sistema do queimador sai automaticamente da direção da chama em cada medição e obtém automaticamente a linha de base para cada medição. Podemos fornecer parâmetros de fabrico, tais como o peso da amostra e o índice de diluição, ao software do aparelho para serem aplicados nos resultados e eliminar os erros de cálculo do operador. O sistema de lâmpadas EDL será instalado no aparelho e aumentará a sensibilidade de reconhecimento dos elementos (Pb e Cd). No sistema de medição com chama até 40% (Demtroder, 1996; Ebdon, 1982; Saleh e Bahaa, 2007).

11-1-2-3 Aparelho de AAS com forno de grafite

O forno de grafite deste dispositivo é capaz de utilizar dois gases, um de árgon para evitar a oxidação do forno e outro de oxigénio que queima os materiais orgânicos no forno, pelo que, através do detetor, produzimos compostos metálicos destes elementos a uma temperatura de evaporação elevada, quando existem elementos metálicos como o arsénio, o antimónio, o estanho, o cádmio e o chumbo em amostras reais numa matriz orgânica complexa, e queimamos a matriz orgânica destes elementos no forno com oxigénio, minimizando a perturbação da matriz. Assim, o erro de fabrico da amostra para leitura será eliminado utilizando planos térmicos adequados e temperatura adequada, as fases de secagem, incineração e separação para átomos livres (atomização) serão realizadas. Este sistema é capaz de medir elementos metálicos até ppb (Ebdon, 1982). No forno, a amostra é espalhada num pequeno tubo de grafite que pode ser aquecido eletronicamente, aumentando a temperatura do processo de fritura, do aquecimento inicial da matriz e da separação em átomos livres. Durante as fases de secagem e de aquecimento inicial, um vapor de gás de limpeza inerte passa através do tubo para transferir o solvente e o vapor da matriz. Uma das principais diferenças da absorção atómica por chama é que, antes da separação em átomos livres, algumas partes da matriz são destruídas e a atomização ocorre numa atmosfera segura (Demtroder, 1996; Saleh e Bahaa, 2007).

12-1-2-3 Vantagens das técnicas de absorção atómica com lareira de grafite

1-Sensibilidade e limite de reconhecimento, 100 a 1000 vezes melhor do que a absorção atómica por chama: 1 ppm 1 Vs. 1 ppb

2- Pequena quantidade de amostra necessária para análise, cerca de 5 a 50 ml

3- O H.G.A é utilizado para as amostras que bloqueiam o maçarico.

4- Podem ser analisadas amostras sólidas, como plástico, unhas, cabelo, etc. (Ebdon, 1982).

13-1-2-3 Programa térmico

O programa térmico é uma das partes principais de uma análise exacta e bem sucedida em forno de grafite. Nas análises de chama, a evaporação do solvente, a destruição da matriz e a produção de átomos de analidade no estado de base coincidem realmente. Nas medições efectuadas por HGA, o mesmo processo ocorre durante as fases de secagem, aquecimento inicial (cozedura) e atomização.

As lâmpadas EDL deste dispositivo permitem medir elementos (Sn, Pb, Cd, As, Sb, Hg) numa radiação catódica de 300 a 400 m. ampere, cerca de 20 vezes mais do que as lâmpadas catódicas normais (Saleh e Bahaa, 2007).

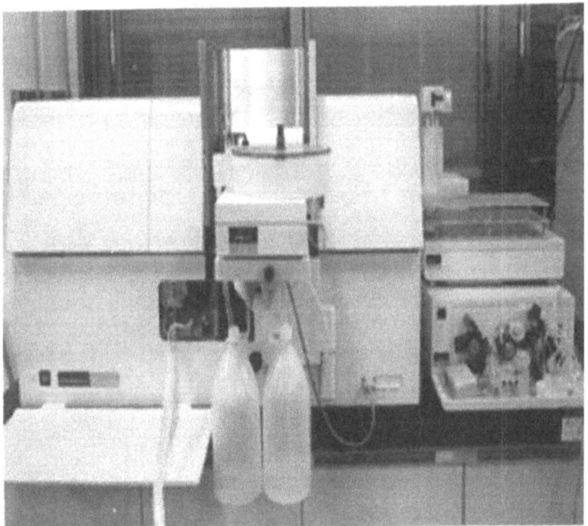

Figura (2-3) Máquina de espetrofotometria de absorção atómica

3-3 Programa de experiências

Para a experiência com a água, esta foi colocada diretamente no aparelho de espetrofotometria de absorção atómica, porque a água não tem matéria sólida e não é necessário medir a sua massa ou adicionar-lhe produtos químicos. De seguida, é lida a quantidade de Cd e Pb.

O programa de experiências para peixes no laboratório foi de 2 gramas de amostras de tecidos (rim, fígado e guelras), que foram colhidas separadamente e que foram submetidas às seguintes etapas, respetivamente.

Inicialmente, colocam-se 2 g de tecido no cadinho de porcelana e, em seguida, põe-se ao lume para queimar, depois coloca-se o cadinho numa lareira com a temperatura de 450 durante 24 horas até os tecidos orgânicos serem completamente destruídos. O tecido mineral fica apenas sob a forma de cinzas brancas.

Em seguida, adicionar 20 cc de ácido clorídrico (HCL) 6 molar à cinza remanescente no cadinho de porcelana e colocar em Bon Marry (banho quente) durante 8 horas para evaporar e restar apenas 2 cc ou apenas um pouco de humidade. Em seguida, adicionar 10 cc de Ácido Nítrico 0/1 molar à humidade remanescente no cadinho de porcelana e colocá-lo novamente em Bon Marry durante 45 minutos para evaporar e restarem 4 cc de humidade.

Por fim, por meio de ácido nítrico (HNO3) 0,2 molar, desenvolver até à massa de 50 cc. Em seguida, por meio de um dispositivo de injeção automática, uma quantidade desta matéria é injectada no aparelho de espetrofotometria de absorção atómica e a quantidade de (Pb) e (Cd) é lida.

Inicialmente, é também recolhida uma amostra de cópia que não contém qualquer órgão de peixe, mas apenas os materiais que são utilizados durante a experiência. A quantidade de Pb e Cd foi medida e se houver Pb e Cd na amostra de cópia, no cálculo, subtrai-se da amostra principal. Não havia Cd e Pb nas amostras de cópia destas experiências. Finalmente, foi efectuado o cálculo: 2gr / (50 * Quantidade lida).

4-3 Método de investigação estatística

Os testes de normalidade foram utilizados em primeiro lugar para testar a normalidade da distribuição de frequências dos dados. Os dados foram analisados através do teste de média, do teste T para uma amostra, do teste T para amostras emparelhadas e da matriz de correlação de Pearson através do software SPSS e, finalmente, através do software Excel, tendo sido elaborados diagramas relacionados com o SPSS.

CAPÍTULO 4

Resultados

1-4 Resultado dos testes de normalidade

Antes de aplicar os dados em cada teste estatístico, foi investigada a normalidade da distribuição de frequências dos dados; todos os dados eram normais.

2-4 Resultados do teste T para uma amostra

A poluição de Zayandehroud pelo metal pesado Cd foi investigada em vários meses; os resultados mostraram que a quantidade média em junho, julho e agosto, em comparação com a quantidade padrão, é superior. Assim, a quantidade de Cd em Zayandehroud é superior à norma. O teste T de uma amostra mostrou que existe uma diferença significativa entre a densidade de Cd em junho, julho e agosto em comparação com a quantidade padrão (Diagrama 1-4) ($p \leq 0,01, p \leq 0,01, p \leq 0,01$).

Foi investigada a poluição por Cd nos órgãos dos peixes truta. Os resultados mostram que a quantidade média no fígado, nos rins e nas brânquias, em comparação com a norma, é superior, pelo que a quantidade de Cd nos órgãos das trutas em Zayandehroud é superior à norma. O teste T de uma amostra mostra que existe uma diferença significativa entre as densidades de Cd nos vários órgãos em comparação com a quantidade padrão. (Diagrama 2-4)($p \leq 0,01, p \leq 0,01, p \leq 0,01$).

A poluição por Pb em Zayandehroud foi investigada em vários meses, os resultados mostram que a quantidade média em junho, julho e agosto, em comparação com a quantidade padrão, é menor. Assim, a quantidade de Pb em Zayandehroud não é superior à norma. O teste T de uma amostra mostrou que não há uma diferença significativa entre a densidade de Pb em junho, julho e agosto em comparação com a quantidade padrão (Diagrama 3-4) ($p = 0,84, p = 0,161, p = 0,203$)

A poluição por Pb nos órgãos do peixe truta foi investigada. Os resultados mostram que a quantidade média no fígado, nos rins e nas brânquias, em comparação com a norma, é inferior. Assim, a quantidade de Pb nos órgãos das trutas em Zayandehroud é inferior à norma. O teste T de uma amostra mostra que não existe uma diferença significativa entre a densidade de Pb nos vários órgãos em comparação com a quantidade padrão (Diagrama 4-4) ($p = 0,162, p = 0,167$, $p = 0,164$)

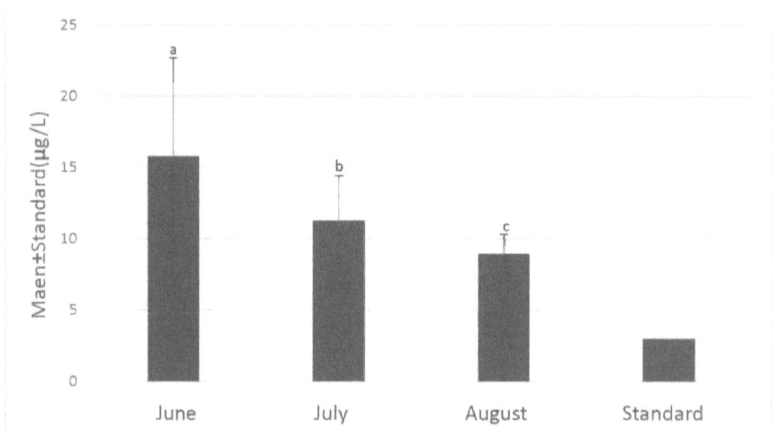

Diagrama (1-4) Comparação da média ± desvio padrão de Cd na água de Zayandehroud nos meses de amostragem

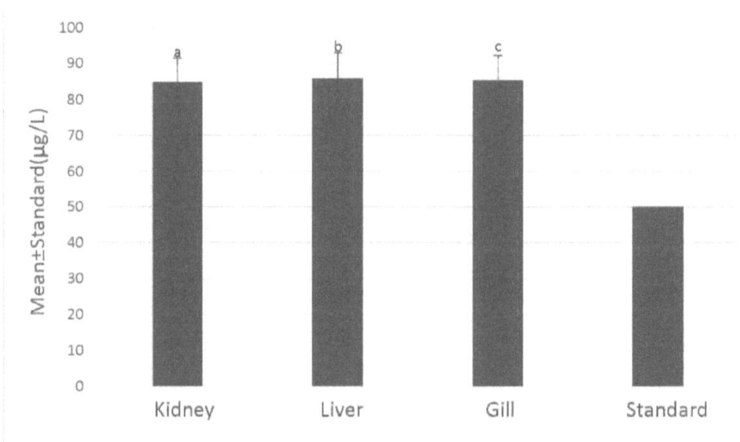

Diagrama (2-4) Comparação da média ± desvio-padrão de Cd nos órgãos da truta de Zayandehroud

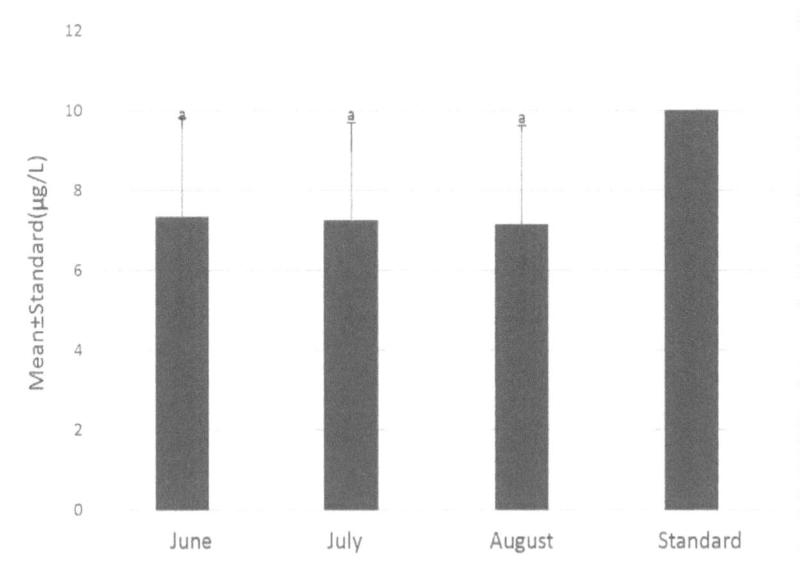

Diagrama (3-4) Comparação da média ± desvio padrão de Pb em Zayandehroud nos meses de amostragem

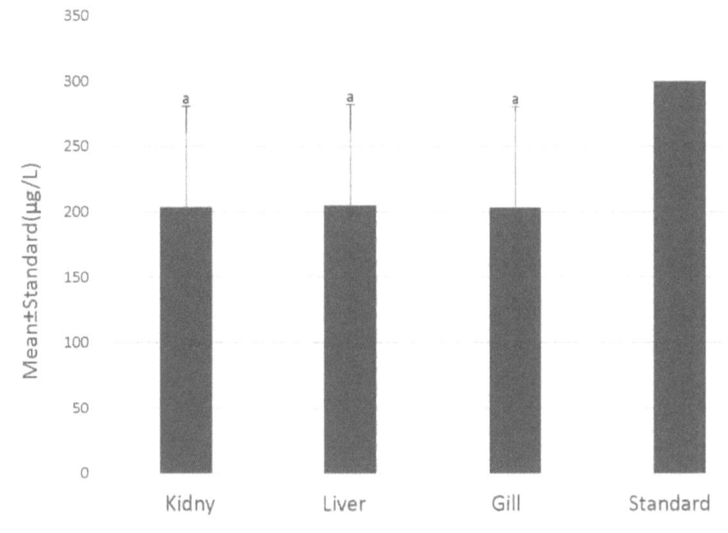

Diagrama (4-4) Comparação da média ± desvio padrão de Pb nos órgãos da truta de Zayandehroud

3-4 Resultados do teste T para amostras emparelhadas

A poluição por Cd em Zayandehroud foi investigada em três estações de amostragem. Os resultados mostram que a quantidade média nas estações de amostragem (estações 1, 2 e 3) em comparação com a norma é superior.

A maior quantidade de Cd encontra-se na estação 2. Assim, o teste T de amostras emparelhadas mostra que existe uma diferença significativa entre a estação 2 e a estação 3, mas entre a estação 1 e a estação 2 e a estação 1 e a estação 3 não existe uma diferença significativa (Diagrama 5-4) ($p = 0{,}268$, $p \leq 0{,}01$, $p = 0{,}149$).

A poluição por Cd em vários órgãos dos peixes foi investigada; os resultados mostram que a média no fígado, nos rins e nas brânquias, em comparação com o padrão, é maior. O teste t de amostras emparelhadas mostra que existe uma diferença significativa entre as densidades de Cd nos vários órgãos (Diagrama 6-4) ($p \leq 0{,}01$, $p \leq 0{,}01$, $p \leq 0{,}01$).

A poluição por Pb em três estações de amostragem foi investigada em Zayandehroud. Os resultados mostram que a quantidade média de Pb nas estações de amostragem (estações 1, 2 e 3) em comparação com o padrão é menor. Assim, o teste T de amostras emparelhadas mostra que existe uma diferença significativa entre as três estações (Diagrama 7-4) ($p \leq 0{,}01$, $p \leq 0{,}01$, $p \leq 0{,}01$).

A poluição por Pb em vários órgãos dos peixes foi investigada; os resultados mostram que a média no fígado, nos rins e nas brânquias, em comparação com o padrão, é menor. O teste t de amostras emparelhadas mostra que existe uma diferença significativa entre as densidades de Pb nos vários órgãos (Diagrama 8-4) ($p \leq 0{,}01$, $p \leq 0{,}01$, $p \leq 0{,}01$).

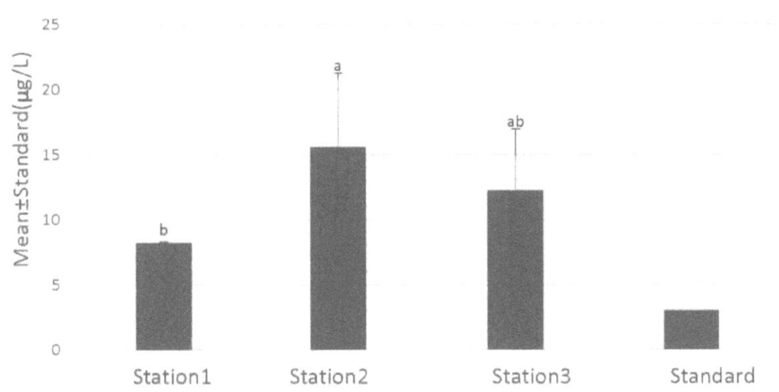

Diagran (5-4) Comparação da média ± desvio-padrão de Cd em Zayandehroud nas estações de amostragem

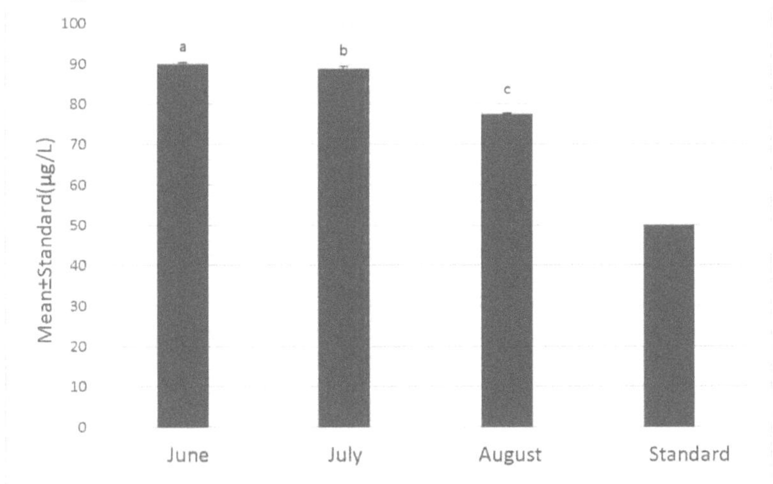

Diagrama (6-4) Comparação da média ± desvio-padrão de Cd nos peixes da truta de Zayandehroud nos meses de amostragem

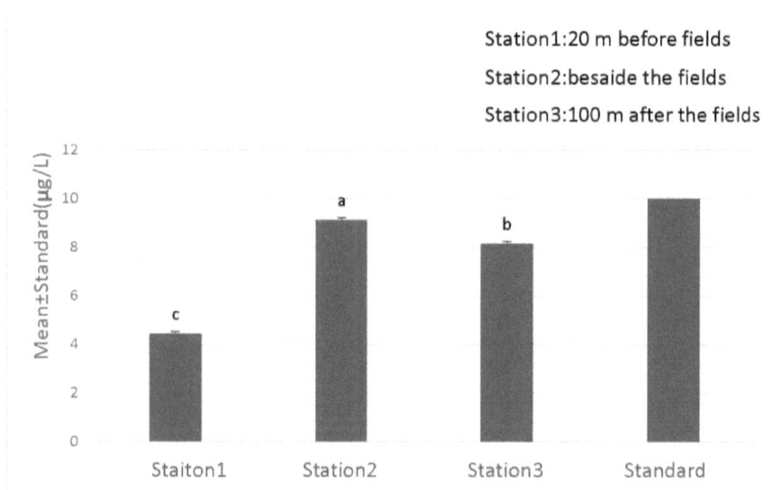

Diagrama (7-4) Comparação da média ± desvio-padrão de Pb em Zayanderoud nas estações de amostragem

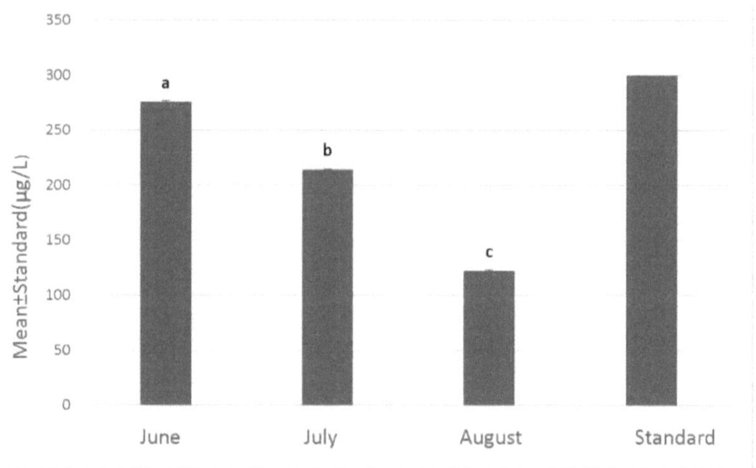

Diagrama (8-4) Comparação da média ± desvio-padrão de Pb nos peixes da truta de Zayanderoud nos meses de amostragem

4-4Resultado da matriz de correlação de Pearson

A relação significativa entre o teor de Cd e Pb da água e dos órgãos do corpo dos peixes, através da matriz de correlação de Pearson, é apresentada nos quadros 1 e 2. Os resultados mostram que o teor de Pb e Cd na água apresentou uma associação significativa (95%) e

quase significativa (90%) com o teor de Pb e Cd nos rins, fígado e brânquias dos peixes

durante um período de 3 meses, respetivamente.

Tabela (1-4) Matriz de correlação de Pearson entre as amostras de água e os órgãos dos peixes em Cd

Cd	Correlation
Cd in water * Cd in kidney	+ 0.877
Cd in water * Cd in kidney	+ 0.857
Cd in water * Cd in kidney	+ 0.876

Tabela (2-4) Matriz de correlação de Pearson entre amostras de água e órgãos de peixes em Pb

Pb	Correlation
Pb in water * Pb in kidney	+ 0.999*
Pb in water * Pb in liver	+ 0.998*
Pb in water * Pb in gill	+ 0.998*

* Correlações que foram significativas (P<0,05).
** Correlações que foram significativas (P<0,01).

CAPÍTULO 5

Discussão, conclusão e implicações

1-5 Discussão

A quantidade média de Cd foi adquirida em Zayanderoud em três estações; a estação de amostragem 1, que fica 20 metros antes dos campos de arroz, foi de 8,18, a estação de amostragem 2, que fica no meio dos campos, foi de 15,58 e a estação de amostragem 3, que fica 100 metros depois dos campos de arroz, foi de 12,23 e também em junho foi de 15,81, em julho foi de 11,25 e em agosto foi de 8,92, o que mostra que em junho, que é o mês de plantação e são utilizados fertilizantes e venenos, a maior quantidade de Cd está na água, mas nos meses posteriores diminuiria. Por outro lado, a estação de amostragem 1 tem algum Cd que está relacionado com outros poluentes, tais como terrenos agrícolas anteriores, resíduos do complexo siderúrgico de Mobarake, resíduos da Iron Co. etc., mas na estação 2 há a maior quantidade de Cd na água, devido aos campos de arroz de Zarinshahr, e na estação 3 a quantidade de Cd é menor do que na estação 2, o que é sinal de que o rio se auto-filtra, diluindo algum Cd dentro de si.

A quantidade de Cd em peixes de truta na estação 2 foi investigada, mostrando que a quantidade média de Cd estava no rim 84,86, no fígado 85,79, na guelra 58,36 e também em junho 89,83, em julho 88,72, e em agosto 77.46, o que mostra que em junho, durante o mês de plantação, há a maior quantidade de Cd na água, devido à utilização de fertilizantes e veneno, mas nos meses posteriores a quantidade diminui, pelo que a acumulação de Cd nos órgãos dos peixes é afetada por isso e em junho há a maior acumulação de Cd nos órgãos dos peixes. De acordo com a quantidade de Cd acumulado nos órgãos, o fígado apresenta a maior quantidade.

A quantidade média de Pb foi adquirida em Zayandehroud em três estações; a estação 1, que fica 20 metros antes dos campos de arroz, foi de 4,44, a estação 2, que fica no meio dos campos, foi de 9,12 e a estação 3, que fica 100 metros depois dos campos de arroz, foi de 8,16 e também em junho foi de 7,33, em julho foi de 7,25 e em agosto foi de 7,14, o que mostra que em junho, durante o mês de plantação em que são utilizados fertilizantes e venenos, há a maior quantidade de Pb na água, e nos meses seguintes a quantidade diminui. Entretanto, a estação de amostragem 1 tem algum Pb que é

devido a outras fontes poluentes, tais como terrenos agrícolas anteriores e resíduos do complexo siderúrgico de Mobarakeh, resíduos da empresa de ferro, etc. No entanto, na estação 2, existe a maior quantidade de Pb, devido aos campos de arroz de Zarinshahr e na estação 3 a quantidade de Pb é inferior à da estação 2, o que é sinal de autofiltragem do rio, que dilui algum chumbo no seu interior.

A quantidade de Pb nos peixes de truta na estação 2 foi investigada, mostrando que a quantidade média de chumbo estava nos rins 203,53, no fígado 204,37, nas brânquias 203,15, e também em junho 275,64, em julho 214,1, em agosto 121,84, o que mostra que em junho, durante o mês de plantação, devido ao consumo de fertilizantes e venenos, há a maior quantidade de Pb na água, mas nos meses posteriores diminui e a acumulação de Pb nos órgãos dos peixes é afetada por isso. E em junho há a maior acumulação de Pb nos órgãos dos peixes. De acordo com a acumulação de Pb nos órgãos, o fígado apresenta a maior quantidade.

A maior quantidade de Pb e Cd na água é em junho e na estação 2. A existência de Pb e Cd deve-se aos fertilizantes e venenos utilizados nos campos de arroz desta região, o que mostra que estes provocam a entrada de uma grande quantidade de Cd no rio, mas a quantidade de Pb que entra no rio é limitada e ainda não é perigosa para o ambiente desta região.

Por outro lado, o Pb e o Cd na estação 1, que se situa 20 metros antes da existência das terras agrícolas de Zarinshahr. A quantidade de Cd é superior ao limite normalizado, mas a quantidade de Pb é inferior ao limite normalizado, o que mostra que existem algumas quantidades de Pb e Cd na água antes dos campos de arroz de Zarinshahr devido às anteriores explorações agrícolas de Lenjan, aos resíduos do complexo siderúrgico de Mobarake e aos resíduos da Iron Co.

De acordo com os peixes capturados na estação 2, os dados da água desta estação foram analisados com os dados do fígado, dos rins e das brânquias em três meses através do teste de correlação de Pearson. Assim, o rácio entre a água e os tecidos renais, hepáticos e branquiais dos peixes para o Cd foi de 0,877, 0,857, 0,876, e para o Pb foi de 0,999, 0,998, 0,98; concluiu-se, portanto, que existe uma correlação entre a água e os tecidos dos peixes, pelo que, sempre que se registou uma redução do Pb e do Cd na água, a acumulação destes metais nos tecidos dos peixes também diminuiu.

Noutros estudos, os investigadores obtiveram os mesmos resultados. Pourkhabaz et al. (2012) declararam que a razão da poluição de Zayandehroud são os resíduos de fábricas, centrais eléctricas e drenagem agrícola.

Rahmani e Maamanpoush (2012) declararam que a quantidade de Cd é superior à limitação da água doce e que a qualidade dos fertilizantes e pesticidas utilizados deve ser controlada.

De acordo com Peykanpour e al. (2014), a quantidade de recolha no fígado, nos rins e nas brânquias é superior à dos outros tecidos.

Velayatzadeh et al. (2012) efectuaram uma amostragem do fígado de Shourideh e indicaram que a quantidade de Pb está ao nível normalizado, mas o Cd é superior ao limite normalizado.

No nosso estudo foram encontrados os mesmos resultados. Os resultados mostram que no rio Zayandehroud a quantidade de Cd é superior ao limite.

2-5 Conclusão

Os resultados mostraram que existe Cd na água e nos órgãos dos peixes truta, como o fígado, os rins e as brânquias, e que a quantidade é superior ao limite normal. Assim, a água está poluída com Cd e provoca a acumulação de Cd nos órgãos dos peixes, mas quanto ao Pb, concluímos que também existe Pb na água e nos órgãos dos peixes truta do rio Zayandehroud, mas a quantidade é inferior ao limite padrão; consequentemente, não causa poluição na água e nos órgãos dos peixes.

O resultado desta investigação sobre metais pesados, Pb e Cd, durante o período de 3 meses da plantação de arroz de Zarinshahr, mostra que a quantidade de Pb é inferior à norma nacional do Irão, que é de 10 μg por litro na água e de 300 μg por quilograma nos peixes. Por conseguinte, pode concluir-se que a água do rio Zayandehroud e os seus peixes de truta não estão poluídos com Pb. Por outro lado, a quantidade de Cd é superior à norma nacional do Irão, que é de 3 μg por litro de água e de 50 μg por quilograma de peixe. Finalmente, pode concluir-se que a água do rio Zayandehroud e os seus peixes truta estão poluídos com Cd.

De um modo geral, conclui-se que na água do rio Zayandehroud a quantidade de Pb é inferior ao nível normal (primeira hipótese refutada) e a quantidade de Cd é superior ao nível normal (primeira hipótese aprovada) e que no tecido dos órgãos do peixe truta a acumulação de Pb é inferior ao nível normal (segunda hipótese refutada) e a acumulação de Cd é superior ao nível normal (segunda hipótese aprovada).

A quantidade de Cd em junho foi a maior de todas devido à plantação neste mês e à utilização de fertilizantes e venenos. Nos últimos meses, a quantidade de Cd foi menor porque na fase de colheita e depois disso, o uso de fertilizantes e venenos diminuiu. E a poluição é maioritariamente causada pela entrada de Cd através da utilização de fertilizantes e venenos durante a fase de plantação nas terras agrícolas.

Além disso, a quantidade de Cd e Pb à volta destas explorações de arroz era a mais elevada devido à utilização de fertilizantes e venenos nas terras agrícolas e à sua drenagem para a água do rio sem purificação. Nas terras superiores e inferiores, a quantidade de Pb e Cd é menor, devido ao fenómeno de diluição, e a quantidade de Cd e Pb é maior e menor do que o nível padrão, respetivamente.

Os resultados provam que, devido à poluição da água com Cd, os órgãos dos peixes também estão poluídos. A maior bioacumulação de Cd ocorre no fígado dos peixes e também em junho, mais do que nos outros dois meses. Apesar de estar no nível padrão, a bioacumulação de Pb nos órgãos dos peixes ocorreu, sendo que a maior quantidade de acumulação foi no fígado dos peixes.

3-5 Implicações
1. A agricultura biológica é melhor. Porque nesta técnica não são utilizados produtos químicos, fertilizantes e pesticidas.

2. No caso da agricultura inorgânica, a utilização de fertilizantes e venenos é feita apenas quando necessário e a um nível normal.

3. Devido à entrada de produtos químicos no rio, a agricultura nas proximidades do rio deve ser evitada.

4. No caso do arrendamento de terrenos agrícolas nas proximidades, a direção da lavoura ou da plantação não deve ser em direção ao rio, para evitar a entrada de esgotos agrícolas no rio.

5. Este estudo deve ser realizado num período de um ano para investigar a plantação de arroz e os seus efeitos durante o outono e o inverno.

6. Recomenda-se a realização de estudos no ano húmido e no ano seco de Zayandehroud para analisar o efeito de diluição dos poluentes.

Referências

1. Estatísticas agrícolas da província de Isfahan. Organização da Agricultura Jihad, pp. 10-13.
2. Akhoundi, L., Nazari, A., Nakhaee, M. 2007. Conferência Nacional da Água com a Abordagem da Água Limpa. 11th e 12th de março. Universidade da Água e da Indústria Eléctrica (Shahid Abbaspour), p. 10-15.
3. Associação Americana de Saúde Pública (APHA) (1989). Standard methods for the examination of water and wastewater. 17th ed., Washington, APHA, AWWA, WPFC, P623-634.
4. Babasaheb, A. 2014. Avaliação do teor de metais pesados na água do rio Coavari, revista Internatinal de pesquisa aplicada. Vol. 2. p. 26-23.
5. Bollinger, J.E., Steinberg, L.J., Harrison, M.J., Crews, J.P., Englande, A.J., Velasco-Gonzalez, C., White, L.E., George, W.J. 1999. Análise comparativa de dados sobre nutrientes no Baixo Rio Mississippi. Water Res. Vol. 33.p 54-67.
6. Chapman, D. 1992. Water Quality Assessment, Chapman & Hall, Londres. p.1-14.
7. Darshan, M. 2014. Poluição por metais pesados do rio Yamuna, revista Internatinal de microbiologia atual e ciência aplicada. Vol. 3. p. 856-863.
8. Dabiri, M. 2013. Environmental Contamination (Contaminação Ambiental), Etehad Publishing. P. 50-60.
9. Das, J., Acharya, B.C. 2003. Hydrology and assessment of lotic water quality in Cuttack city, India. Water, air and soil pollution. Vol. 150. p.163-173.
10. Demtroder, W. 1996. Laser Spectroscopy: Basic Concepts and Instrumentation, Springer, Vol. 45. p. 130-142.
11. Departamento do Ambiente (Delegação de Investigação). 1994. Norma de descarga de águas residuais, Gabinete de Proteção Ambiental do Ambiente, p. 75-87.
12. Ebdon, L. 1982. An Introduction to Atomic Adsorption Spectroscopy (Introdução à espetroscopia de adsorção atómica). Heyden. P. 45-67.
13. Ghazizahedi, Sh. 1994. Relatório sobre o estudo das fontes poluentes da água e da água: estudo quantitativo e qualitativo do rio Zayandehrud durante 1993, Direção-Geral de Proteção Ambiental da Província de Isfahan, p. 63 - 71.
14. Hamidian, A.H., Ariaee, M. 2014. Alterações histopatológicas do fígado de peixe devido ao arsénio e ao cádmio, Journal of Aquatic Ecology, Vol. 4, p. 13-40.
15. Ismailisari, A. 2002. Health & Environmental Standards, publicação de Mehr News, pp. 94-88 e 127-137.
16. Jalili, H., Khakpoor, A. 2006. Measurement of Heavy Metal Lead and Cadmium in the Mang River, First Environmental Expert Conference, pp. 123-145.
17. Jonnalagadda, S.B., e Mhere, G. 2001. Water quality of the Odzi in the eastern highlands of Zimbabwe. Water Res. Vol. 35. P. 2371-2376.
18. Kalbasi, M. 1996. Environmental Management of Water Resources, Relatório Final do Projeto, Gabinete do Ambiente da Província de Isfahan, pp. 82-99.
19. Karbassi, A.R. 1989. Geochemical and Magnetic Studies of Marine, Estuarine and Riverine Sediments, Bangalore University, India. p. 196.
20. Khodadadi, M., Mohammadi, M. 2010. Heavy Metals in Muscle and Liver of Dez River Fish, Journal of Islamic Azad University, Ahvaz Branch, Vol. 1. No. 4. p. 19-69.
21. Liou, S.M., Lo, S.L., Hu, C.Y. 2003. Aplicação da teoria dos conjuntos fuzzy em duas fases à avaliação da qualidade dos rios em Taiwan. Water Res. Vol. 37. P. 1406 - 1416.
22. Maamanpoush, A., Abbasi, F., Mousavi, F. 2001. Evaluation of Water Use Efficiency in Surface Irrigation Methods in Some Farms of Isfahan Province, Journal of Agricultural Engineering Research Institute, No. 9, pp. 42-58.

23. Moshkat, M. 2006. Report on Principal Principles of Zarin Shahr Rice Farms, Isfahan Agricultural Jihad Organization. P. 1-30.
24. Moradi, S., Nowzari, H. 2014. Revisão da crise hídrica de Zayandehrud devido às alterações climáticas, Conferência nacional sobre soluções para a crise da água no Irão e no Médio Oriente, p. 153
25. Mousavi, F. 1997. Investigation of Contamination and Contaminated Resources of Water, Relatório Final do Projeto, Gabinete Geral de Proteção Ambiental da Província de Isfahan, p. 31-47.
26. Naderi, M., Mahmoudi, H., Jahangardi, M. 2013. Investigação da concentração de chumbo e cádmio no rio Zayandehrud. Primeiras Conferências sobre a Água, Universidade Azad, Secção de Khorasgan, Isfahan, pp. 99-123.
27. Nriagu, J.O. 1978. The biogeochemistry of lead in the environment part A and B. Elsevier/ North-Holland Biomedical press, Amsterdam. P. 6-8.
28. Okonkwo J.O., Mothiba, A. 2005. Características físico-químicas e níveis de poluição de metais pesados nos rios em Thohoyandou, África do Sul. Jornal de Hidrologia. Vol. 308. P. 122-127.
29. Parvaneh, V. 1992. Quality control and chemical testing of food. Imprensa da Universidade de Teerão, pp. 325-321.
30. Peykanpour, F., Orojali, M. Dorafshan, S. Mahboobi Safyani, N .2014. Bioacumulação de cádmio solúvel em água e seu efeito sobre a qualidade das larvas de peixe, Iranian Journal of Veterinary Medicine, Vol. 10, No. 3, p. 83-93.
31. Pourmoghadas, H. 2000. The results of previous year's studies (synthesis) of environmental management of water resources, General Directorate of Environmental Protection of Isfahan Province, pp. 19-28.
32. Pourmoghadas, H. 2004. Os resultados dos estudos dos anos anteriores sobre a gestão ambiental dos recursos hídricos da Agência de Proteção Ambiental da província de Isfahan, p.8-11.
33. Plaskett, D. Potter, I. 1979. Heavy metal concentrations in the muscle tissue of 12 species of teleosts from Cockburn sound, Western Australia. Australian Journal of Marine and Freshwater Research. Vol.30. No.5. P. 607.
34. Pourkhabbaz, H.R., Jafar Abadi, A.R., Amoshahi, S. 2012. Causas de Poluição no Rio Zayandehrud, Quinta Conferência Nacional e Exposição Especializada de Engenharia Ambiental, Teerão, p. 29-38.
35. Rahmani, H.R., Maamanpoush, A. 2012. Efeitos das actividades agrícolas na qualidade da água em Zayandehrud, Segunda Conferência sobre Gestão de Recursos Hídricos, p. 34-39.
36. Ramirez, N.F., Solano, F. 2004. Índices físico-químicos de qualidade da água - Uma revisão comparativa. Revista BIFUA. P. 78-79.
37. Sabzghabaee, N. 2006. Contaminação de sedimentos de Zayandehrood por metais pesados e identificação de materiais de origem, tese de mestrado e Faculdade de Agricultura, Universidade de Tecnologia de Isfahan, pp. 123-130.
38. Saleh, M.C., Bahaa, E.A. 2007. Fundamentos da Fotónica, Taich, Wiley. Vol. 8. p. 78-99.
39. Sekonvares, V. 2012. Sedimentar. Revista Internacional de Meio Ambiente. Vol. 4. p. 629639.
40. Shanbezadeh, S., Karimi, A. 2014. Metais pesados na água e nos sedimentos, um estudo de caso do rio Tembi, Hindawi Publishing Corporation. Jornal de saúde ambiental e pública. Vol. 14. P. 5.
41. Shrivastava, K., Latoni, H. 2008. Estudo de metais pesados na água do rio. Região de Satna, ambiente mundial atual. Vol. 3. p. 300-297.
42. Simeonov, V., Stratis, J.A., Samara, C., Zachariadis, G., Voutsa, D., Anthemidis, A., Sofoniou, M., Kouimtzis, T.H. 2003. Avaliação da qualidade das águas superficiais no Norte da Grécia. Water Res. Vol. 37.p. 5-7.
43. Taghiniu, H., Rabert, K. 2010. Poluição por metais pesados no rio Kabini. Revista internacional de recursos ambientais. Vol. 4. No. 4. P. 629-636.
44. Departamento do Ambiente e da Conservação do Tennessee (TDEC). 2006. Relatório sobre o estado da qualidade da água no Tennessee. Departamento do Ambiente e da Conservação do Tennessee. No. 305(b), p. 157-162.
45. Velayatzadeh, M., Askarisari, A., Javaheribaboli, M., Mahjob, S. 2012. Heavy metals content in the fish muscle of the ports of Abadan and Bandar Abbas, Scientific Journal of Shilat, Vol. 20, No. 3, P. 99-601.
46. Gestão de Bacias Hidrográficas e Recursos Naturais (Adjunto de Investigação). 2010. Normas para a Aquicultura, p. 102-110.
47. Yazdani, M.R. Shirani, K. 2006. A survey on the quality of water in the Zayandehrood River at the bottom of the dam, Actas da primeira conferência regional sobre a utilização óptima dos recursos das

bacias de Karoun e Zayandehrud, Universidade de Shahrekord, pp. 56-78.
48. Yilitis, A. 2005 Avaliação das concentrações de metais pesados na rede alimentar do lago Beysehir, Turquia. Chemosphere. Vol. 60. P. 522-56.
49. Yi, Q., Dou, X.D., Huang Q.R., Zhao, X.Q. 2012. Características de poluição de Pb, Zn, As, Cd no rio Bijiang. Proceda Ciências Ambientais. Vol. 13. P. 43-52.
50. Witton, A. 1975. River Ecology: studies in ecology. Publicação científica Blackwell. P. 2326.

Este livro baseia-se na tese de mestrado de Sahar Moradi no domínio da poluição ambiental, defendida em 2015 no Departamento do Ambiente, secção de Abadeh, Universidade Islâmica Azad.

O Dr. Haniyeh Nowzari supervisionou e o Dr. Mehrdad Farhadian aconselhou esta tese.

I want morebooks!

Buy your books fast and straightforward online - at one of world's fastest growing online book stores! Environmentally sound due to Print-on-Demand technologies.

Buy your books online at
www.morebooks.shop

Compre os seus livros mais rápido e diretamente na internet, em uma das livrarias on-line com o maior crescimento no mundo! Produção que protege o meio ambiente através das tecnologias de impressão sob demanda.

Compre os seus livros on-line em
www.morebooks.shop